稻田老师的烘焙笔记3

戚风&巧克力蛋糕

[日] 稻田多佳子 著　　周小燕 译

南海出版公司

2018·海口

目 录
CONTENTS

戚风蛋糕

香蕉戚风蛋糕······························ 6

抹茶戚风蛋糕······························ 8

香草戚风蛋糕······························ 10

红茶戚风蛋糕······························ 11

奇亚籽戚风蛋糕··························· 12

咖啡大理石戚风蛋糕··················· 13

天使戚风蛋糕······························ 14

焙茶戚风蛋糕······························ 16

抹茶大理石戚风蛋糕··················· 18

椰子肉桂大理石戚风蛋糕············ 20

牛奶戚风蛋糕（附带步骤图片）····· 22

巧克力蛋糕和礼物蛋糕

巧克力蛋糕······························ 28

小巧克力蛋糕··························· 30

巧克力软蛋糕··························· 32

巧克力磅蛋糕··························· 34

巧克力小蛋糕··························· 36

奶酪可可玛芬蛋糕····················· 38

双重巧克力蛋糕························· 40

绵润巧克力蛋糕························· 42

白色装饰蛋糕··························· 44

黑色装饰蛋糕··························· 46

大泡芙蛋糕······························ 48

维多利亚夹心蛋糕····················· 50

本书规则

· 本书使用的大匙是 15mL，小匙是 5mL。
· 鸡蛋使用 L 号。
· 室温指的是 20℃左右。
· 隔水加热的水，指的是热水。
· 烤箱提前预热到设定温度。因热源和机种不同，烘烤时间
  也有差异。要在配方标注的时间基础上，边观察状态边酌
  情增减。
· 微波炉的加热时间是根据 500W 的微波炉制定的。

专栏

关于材料 1　粉类 / 鸡蛋 / 砂糖······ 4

关于材料 2　黄油 / 巧克力等········ 26

关于工具································ 52

用面包做甜点························· 82

关于烘烤模具························· 92

挞和派

鲜果派 · · · · · · · · · · · · · · · 54

核桃焦糖奶油挞 · · · · · · · · · 56

柠檬奶油挞 · · · · · · · · · · · · · 58

苹果挞 · · · · · · · · · · · · · · · · · 60

洋梨挞 · · · · · · · · · · · · · · · · · 62

奶酪挞 · · · · · · · · · · · · · · · · · 64

焦糖苹果挞 · · · · · · · · · · · · · 66

无花果核桃挞 · · · · · · · · · · · 68

红薯苹果挞 · · · · · · · · · · · · · 70

黑樱桃蛋奶派 · · · · · · · · · · · 72

抹茶奶油派 · · · · · · · · · · · · · 74

栗子酥粒挞 · · · · · · · · · · · · · 76

软糯南瓜派 · · · · · · · · · · · · · 78

洋梨焦糖黄油挞 · · · · · · · · · 80

小甜点和冷甜点

奶香玛德琳 · · · · · · · · · · · · · 94

焦糖玛德琳 · · · · · · · · · · · · · 96

杏仁粉蛋糕 · · · · · · · · · · · · · 98

达克瓦兹 · · · · · · · · · · · · · · · 100

焦糖葡萄干黄油蛋糕 · · · · · 102

红茶蛋白饼干 · · · · · · · · · · · 104

小泡芙 · · · · · · · · · · · · · · · · · 106

小铜锣烧 · · · · · · · · · · · · · · · 108

甜红薯 · · · · · · · · · · · · · · · · · 110

烤苹果 · · · · · · · · · · · · · · · · · 112

草莓慕斯 · · · · · · · · · · · · · · · 114

白奶酪蛋糕 · · · · · · · · · · · · · 116

冻酸奶 · · · · · · · · · · · · · · · · · 118

咖啡冰激凌 · · · · · · · · · · · · · 119

草莓奶昔 · · · · · · · · · · · · · · · 120

白芝麻布丁 · · · · · · · · · · · · · 121

法式豆奶冻 · · · · · · · · · · · · · 122

发酵甜点

华夫饼 · · · · · · · · · · · · · · · · · 84

甜甜圈 · · · · · · · · · · · · · · · · · 86

司康面包 · · · · · · · · · · · · · · · 88

混合水果布里欧修蛋糕 · · · · 90

创新配方笔记

迷你抹茶大理石戚风 · · · 124

椰子肉桂戚风 · · · · · · · · · 125

迷你巧克力磅蛋糕 · · · · · · · · 125

迷你红茶玛德琳 · · · · · · · · · · 126

黑樱桃酥粒挞 · · · · · · · · · · · · 127

蔓越莓杏仁粉蛋糕 · · · · · · · · 127

关于材料 1

粉类/鸡蛋/砂糖　这些都是制作甜点的基础材料。粉类生产日期要新，
鸡蛋品质要鲜，这样才能做出好吃的甜点。选择自己喜欢的砂糖就可以。

＋粉类

低筋面粉
做甜点使用的面粉为低筋面粉。也用
作天妇罗的裹粉。粉类容易结块，直
接使用的话，蛋糕中会残留粉粒，所
以使用前要过筛，筛出粉粒。

玉米淀粉
以玉米为原料的一种淀粉，质地细腻
蓬松。用来制作卡仕达酱、柠檬奶油
酱、杏仁奶油酱等，能做出轻盈的口
感。没有的话也可以用低筋面粉代
替。

杏仁粉
将杏仁磨成粉末制成。和低筋面粉混
合使用，能让蛋糕的味道更浓郁，口
感更绵润。大量使用杏仁粉做成的费
南雪，味道异常美味。

泡打粉
有让面糊变软和膨胀的作用。如果日
期较旧，会影响膨胀，而且散发出特
有的苦臭味。我喜欢用RUMFORD的
泡打粉。罐装的设计也很时尚！

＋鸡蛋

选择蛋壳坚硬、新鲜的鸡蛋。在放养
等自然环境中长大，精神饱满的鸡产
下的蛋，自然味道更好（每次遇到新
鲜的鸡蛋，就很想烤布丁）。我选择L
号鸡蛋，使用前从冰箱取出，恢复室
温后再用。

＋砂糖

细砂糖
细砂糖质地蓬松方便操作，没有异
味、味道清甜，是做甜点的基础材
料。我喜欢用颗粒特细的类型，能更
好地融入面糊中。

戚风蛋糕

戚风蛋糕在烤箱中高耸、膨胀的样子非常可爱，脱模后的蛋糕质地轻盈松软。戚风蛋糕不仅触感轻软，口感也非常软嫩。用20cm的模具烘烤，可以心满意足地品尝蛋糕，用17cm的话，方便操作，也能满足日常的食用需要。用14cm小模具的话，当作礼物非常好，特别可爱。用10cm更小的模具烘烤的戚风，适合1～2人食用。把小甜点当作礼物，也更容易被大家接受哦。

香蕉戚风蛋糕

　　和朋友一起去逛蛋糕店，是学生时代经常做的事，一边搜罗市区各个角落的蛋糕店，一边感叹哪家店的甜点好吃。不知道去哪里时，就会去这些好吃的蛋糕店，摆在那里的巧克力戚风，就是我与戚风的初次相遇。一款没有装饰、单纯烘烤而成的蛋糕，看起来却如此有活力，入口绵润松软。我对这种轻盈的口感一见钟情（其实是一口钟情啦）。

　　当时卖戚风蛋糕的店非常少，每次去这些店都要预订，为了买戚风蛋糕还要特地开车去。但是，即使同一家店的同一款戚风蛋糕，偶尔也会有些许不同的口感。有特别柔软的时候，也有比较硬的时候，是不是水放少了？也许戚风蛋糕就是这么一款纤细敏感的蛋糕吧。好啦，下面就开始制作戚风蛋糕吧（笑）。

材料（直径20cm的戚风蛋糕模具1个）

低筋面粉·······120g
泡打粉·······1/2大匙
盐·······1小撮
细砂糖·······110g
蛋黄·······4个
蛋白·······5个
牛奶·······2大匙
色拉油·······60mL
香蕉·······1根（110g）

提前准备

+ 低筋面粉、泡打粉、盐混合过筛。
+ 烤箱预热到160℃。

做法

1 香蕉剥皮，用叉子粗略压碎。

2 碗内放入蛋黄，用打蛋器打散，放入一半细砂糖，搅拌均匀（无须打发到颜色发白、体积膨胀）。

3 依次放入牛奶、色拉油、香蕉，每次都搅拌均匀，撒入粉类，搅拌到顺滑。

4 另取一碗，放入蛋白，边一点点放入剩余的细砂糖边打发，做成有光泽、质地硬实的蛋白霜。

5 在3的碗内放入一些4的蛋白霜，用打蛋器搅拌均匀。分两次放入剩余的蛋白霜，用橡皮刮刀切拌到看不到蛋白霜的白色纹路为止，基本均匀就可以。

6 将面糊倒入什么也没涂的模具内，放入160℃的烤箱内烘烤45~50分钟。在蛋糕中间插入竹扦，不会粘上蛋糕糊就表示烤好了。

7 将模具倒扣，将中间的筒放在罐子或者高容器上，放凉。将刀子插入完全放凉的模具和蛋糕之间，转一圈后脱模。然后将刀子插入模具底部和蛋糕之间，将竹扦插入筒和蛋糕之间，脱模。

使用完全成熟的香蕉制作香蕉戚风蛋糕，这就是美味的诀窍。表皮出现黑色斑点，果肉绵软的香蕉适合做蛋糕。用朗姆酒代替牛奶，做出味道更成熟的戚风蛋糕。

戚风蛋糕的特点是膨胀度高，为了不让蛋糕塌陷，需要倒扣放凉。所以适合使用铝制的模具，这样蛋糕不易滑落。用略小的14cm模具烘烤，做出的蛋糕更可爱哦。

抹茶戚风蛋糕

我并不太擅长做日式甜点，但是抹茶甜点是个例外。我特别喜欢抹茶！除了抹茶，还喜欢日本茶、红茶，中国茶也不错。简单地说，我是一个爱茶的人。

在我老家附近商业街的茶店也卖冰激凌，那里的抹茶冰激凌非常好吃。我从小就很喜欢，经常买来吃。即使现在夏天回到老家，妈妈还会记得买抹茶冰激凌放在冰箱里。

我会去茶店里买平常喝的番茶或者焙茶，也在那里买做甜点用的抹茶。因为信任茶店的抹茶，即使不是高级品，感觉也能做出好吃的甜点（笑）。

材料（直径20cm的戚风蛋糕模具1个）

低筋面粉	115g
抹茶粉	15g
泡打粉	1/2大匙
盐	1小撮
细砂糖	120g
蛋黄	4个
蛋白	5个
水	90mL
色拉油	60mL

提前准备

+ 低筋面粉、抹茶粉、泡打粉、盐混合过筛。
+ 烤箱预热到160℃。

〇 做法

1 碗内放入蛋黄，用打蛋器打散，放入一半细砂糖，搅拌均匀（无须打发到颜色发白、体积膨胀）。

2 依次放入水、色拉油，每次都搅拌均匀，撒入粉类，搅拌到顺滑。

3 另取一碗，放入蛋白，边一点点放入剩余的细砂糖边打发，做成有光泽、质地硬实的蛋白霜。

4 在2的碗内放入一些3的蛋白霜，用打蛋器搅拌均匀。分两次放入剩余的蛋白霜，用橡皮刮刀切拌到看不到蛋白霜的白色纹路为止，基本均匀就可以。

5 将面糊倒入什么也没涂的模具内，放入160℃的烤箱内烘烤45～50分钟。在蛋糕中间插入竹扦，不会粘上蛋糕糊就表示烤好了。

6 将模具倒扣，将中间的筒放在罐子或者高容器上，放凉。将刀子插入完全放凉的模具和蛋糕之间，转一圈后脱模。然后将刀子插入模具底部和蛋糕之间，将竹扦插入筒和蛋糕之间，脱模。

京都井六园的抹茶，名字叫作"翠凤"。我很喜欢用这款抹茶制作抹茶戚风。抹茶既可以撒在甜点或者淡奶油上，也可以和糖粉混合，撒在核桃小圆饼或者巧克力上，还可以做成抹茶牛奶。

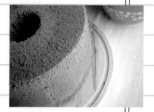

将打发到浓稠的淡奶油放在抹茶戚风上，已经成为我的惯例了。

香草戚风蛋糕

　　质地蓬松、手感轻软、口感细腻的戚风蛋糕，

是无论如何都不会舍弃的经典甜点。无论过去还是

现在，一定会一如既往地喜欢。清淡的面糊内放入

香草添香，任谁闻了这味道都会觉得安心，可称得

上值得信赖的一款蛋糕。但是，对不喜欢香草味道

的人，就要说声对不起啦！

　　我会根据当时的喜好或者装饰，增减粉类、

砂糖、水和油的用量，从而做出不同种类的戚风

蛋糕，但我长期使用的基础比例却从未改变。在保

持蛋糕蓬松绵润、温和柔软的同时，放入适量的粉

类。这就是我想要做的戚风蛋糕。

材料（直径20cm的戚风蛋糕模具1个）

　低筋面粉·····125g
　泡打粉·····1/2大匙
　盐·····1小撮
细砂糖·····125g
蛋黄·····4个
蛋白·····5个
水·····100mL
色拉油·····65mL
香草豆荚·····1/2根（或者少量香草油）

提前准备

+ 低筋面粉、泡打粉、盐混合过筛。
+ 烤箱预热到160℃。

◎ 做法

1 碗内放入蛋黄，用打蛋器打散，放入一半细砂糖，搅拌均匀（无须打发到颜色发白、体积膨胀）。香草豆荚纵向剖开，刮出里面的香草籽，和豆荚一起放入蛋黄糊中。

2 依次放入水、色拉油，每次都搅拌均匀，撒入粉类，用打蛋器搅拌到顺滑（如果使用香草油，在此时倒入）。取出香草的豆荚。

3 另取一碗，放入蛋白，边一点点放入剩余的细砂糖边打发，做成有光泽、质地硬实的蛋白霜。

4 在2的碗内放入一些3的蛋白霜，用打蛋器搅拌均匀。分两次放入剩余的蛋白霜，用橡皮刮刀切拌到看不到蛋白霜的白色纹路为止，基本均匀就可以。

5 将面糊倒入什么也没涂的模具内，放入160℃的烤箱内，烘烤45～50分钟。在蛋糕中间插入竹扦，不会粘上蛋糕糊就表示烤好了。

6 将模具倒扣，将中间的筒放在罐子或者高容器上，放凉。将刀子插入完全放凉的模具和蛋糕之间，转一圈后脱模。然后将刀子插入模具底部和蛋糕之间，将竹扦插入筒和蛋糕之间，脱模。

一般使用香草油或者香草精就可以，但对于以香草味道为主打，追求"就是这个味道"的甜点，最好使用香草豆荚。既能添香，一粒粒的香草籽看起来也非常可爱。

材料（直径20cm的戚风蛋糕模具1个）

╲ 低筋面粉·······125g
╲ 泡打粉·······1/2大匙
╲ 盐·······1小撮
细砂糖·······125g
蛋黄·······4个
蛋白·······5个
水·······100mL
色拉油·······65mL
红茶叶·······4g（或者茶包2袋）
装饰用糖粉·······适量

提前准备

+低筋面粉、泡打粉、盐混合过筛。

+红茶叶切碎（茶包可以直接使用）。

+烤箱预热到160℃。

◎ 做法

1 碗内放入蛋黄，用打蛋器打散，放入一半细砂糖，搅拌均匀（无须打发到颜色发白、体积膨胀）。

2 依次放入水、色拉油，每次都搅拌均匀，撒入粉类，放入红茶叶，用打蛋器搅拌到顺滑。

3 另取一碗，放入蛋白，边一点点放入剩余的细砂糖边打发，做成有光泽、质地硬实的蛋白霜。

4 在2的碗内放入一些3的蛋白霜，用打蛋器搅拌均匀。分两次放入剩余的蛋白霜，用橡皮刮刀切拌到看不到蛋白霜的白色纹路为止，基本均匀就可以。

5 将面糊倒入什么也没涂的模具内，放入160℃的烤箱内烘烤45～50分钟。在蛋糕中间插入竹扦，不会粘上蛋糕糊就表示烤好了。

6 将模具倒扣，将中间的筒放在罐子或者高容器上，放凉。将刀子插入完全放凉的模具和蛋糕之间，转一圈后脱模。然后将刀子插入模具底部和蛋糕之间，将竹扦插入筒和蛋糕之间，脱模。酌情撒上糖粉。

做红茶戚风，一定要选用格雷伯爵红茶。做戚风之外的红茶甜点，还是要用格雷伯爵红茶。搭配格雷伯爵红茶甜点的饮品，也必须是格雷伯爵红茶！

红茶戚风蛋糕

像香草戚风一样经常做的蛋糕，就是红茶戚风。做红茶戚风蛋糕需使用红茶叶，我喜欢格雷伯爵红茶。以前会认真地将红茶叶煮成红茶，当作水使用，但有时只放入红茶叶会更有风味。

这种想法来自于车站附近蛋糕店里的戚风蛋糕。那里的红茶戚风并不是使用红茶，而是在奶白色的面糊中放入细碎的红茶叶。我喜欢这种清淡的茶香味，所以之后便经常使用红茶叶增添味道。

刚才提到的那家店不会摆放有华丽装饰的蛋糕，取而代之的是一块块朴素可爱、小巧精致的蛋糕。这样便可以感受到蛋糕本身的味道，我真的很喜欢这家小蛋糕店，因为那里摆放的甜点总是令我念念不忘。虽然这家店已经关门很久了，但现在我仍然深深记得那种味道。

奇亚籽戚风蛋糕

　　我一直觉得戚风蛋糕要大大的才好吃。虽然这种想法并没有改变，但是将蛋糕作为礼物送人时，就会觉得20cm的太大，14cm的分量又不够，最近发现17cm的大小刚刚好。实际包装时也会发觉，略小一圈的蛋糕更容易包装，也方便携带。

　　虽然我喜欢用10～14cm的模具制作蛋糕，但不会将其做成礼物，只是尝试制作不同口味。送人新口味的戚风时，小一些的蛋糕更不会让人有负担吧（笑）。当作试吃的蛋糕，或者作为小礼物送人，都会比较亲切。对送礼物和收礼物的人来说，尺寸较小的蛋糕，感觉更容易接受呢。

材料（直径17cm的戚风蛋糕模具1个）

﹨ 低筋面粉	65g
﹨ 泡打粉	1/2小匙
﹨ 盐	1小撮
细砂糖	65g
蛋黄	2个
蛋白	3个
水	50mL
色拉油	35mL
奇亚籽	1大匙

提前准备

＋低筋面粉、泡打粉、盐混合过筛。

＋烤箱预热到160℃。

◎ 做法

1 碗内放入蛋黄，用打蛋器打散，放入一半细砂糖，搅拌均匀（无须打发到颜色发白、体积膨胀）。

2 依次放入水、色拉油，每次都搅拌均匀，撒入粉类，放入奇亚籽，用打蛋器搅拌到顺滑。

3 另取一碗，放入蛋白，边一点点放入剩余的细砂糖边打发，做成有光泽、质地硬实的蛋白霜。

4 在**2**的碗内放入一些**3**的蛋白霜，用打蛋器搅拌均匀。分两次放入剩余的蛋白霜，用橡皮刮刀切拌到看不到蛋白霜的白色纹路为止，基本均匀就可以。

5 将面糊倒入什么也没涂的模具内，放入160℃的烤箱内烘烤约25分钟。在蛋糕中间插入竹扦，不会粘上蛋糕糊就表示烤好了。

6 将模具倒扣，将中间的筒放在罐子或者高容器上，放凉。将刀子插入完全放凉的模具和蛋糕之间，转一圈后脱模。然后将刀子插入模具底部和蛋糕之间，将竹扦插入筒和蛋糕之间，脱模。

材料（直径17cm的戚风蛋糕模具1个）

低筋面粉	65g
泡打粉	1/2小匙
盐	1小撮
细砂糖	65g
蛋黄	2个
蛋白	3个
水	50mL
色拉油	35mL
速溶咖啡粉	1小匙
咖啡利口酒	1/2小匙

提前准备

+ 低筋面粉、泡打粉、盐混合过筛。

+ 速溶咖啡粉放入咖啡利口酒内溶解（放入微波炉加热几秒，更容易溶解）。

+ 烤箱预热到160℃。

◎ **做法**

1 碗内放入蛋黄，用打蛋器打散，放入一半细砂糖，搅拌均匀（无须打发到颜色发白、体积膨胀）。

2 依次放入水、色拉油，每次都搅拌均匀，撒入粉类，用打蛋器搅拌到顺滑。

3 另取一碗，放入蛋白，边一点点放入剩余的细砂糖边打发，做成有光泽、质地硬实的蛋白霜。

4 在2的碗内放入一些3的蛋白霜，用打蛋器搅拌均匀。分两次放入剩余的蛋白霜，用橡皮刮刀切拌到看不到蛋白霜的白色纹路为止，基本均匀就可以。

5 撒上一圈咖啡液，搅拌2～3次，做出大理石花纹（注意不要搅拌过度，否则大理石花纹会消失）。

6 将面糊倒入什么也没涂的模具内，放入160℃的烤箱内烘烤约25分钟。在蛋糕中间插入竹扦，不会粘上蛋糕糊就表示烤好了。

7 将模具倒扣，将中间的筒放在罐子或者高容器上，放凉。脱模方法和左页相同。

这里只使用少量的咖啡利口酒。所以没有必要为了做这款甜点去买利口酒，没有的话可以用热水代替。如果家里有利口酒可以直接使用，让口感更轻盈。

咖啡大理石戚风蛋糕

戚风蛋糕要蓬松、柔软才好。为了不破坏其绵润的口感，我都是尽量不切开直接送人。

这里使用的是纸制的戚风模具。但是有几个地方需要注意：烤好的蛋糕有没有形成空洞，有没有开裂。因为看不到蛋糕内部的状态，脱模时就会有"怎么会烤成这样"的苦恼。如果真的收到了这样的礼物，那真是抱歉！我很容易紧张，不管烤了多少个蛋糕，不管过了多久，还是会担心蛋糕烤得不好。

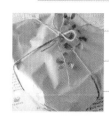

天使戚风蛋糕

　　我早就听说过，要想追寻戚风蛋糕的起源，就会遇到一款名为"天使蛋糕"的甜点。这款蛋糕源于美国，只加入蛋白并用戚风蛋糕的模具烘烤，纯白的蛋糕如其名字一般给人一种"天使的食物"的感觉。与之相反，也有一款烤到焦黑的巧克力蛋糕，叫作"魔鬼蛋糕"。如此幽默的命名方式，让人恍然大悟，真的非常有趣。

　　这款天使戚风蛋糕，以一般的戚风蛋糕为基础，从以蛋白为主的天使蛋糕的材料配比中获得灵感，研制而成。为了增添浓厚感和奶油般的色泽以及味道，材料中使用了1个蛋黄。因为放入了蛋黄，蛋糕就不再是纯白色，这种朴素的颜色感觉更好。甜度方面，选择雪花般轻盈的糖粉，搭配云朵般柔软、蓬松的蛋糕。如婴儿般纯粹的蛋糕就这样烤好了。

材料（直径17cm的戚风蛋糕模具1个）

低筋面粉………………………………	65g
泡打粉…………………………………	1/2小匙
糖粉……………………………………	70g
蛋黄……………………………………	1个
蛋白……………………………………	4个
牛奶……………………………………	50mL
杏仁油（或者色拉油）………………	40mL
盐………………………………………	1小撮

提前准备

+低筋面粉、泡打粉、盐混合过筛。

+烤箱预热到160℃。

◎ 做法

1 碗内放入蛋黄，用打蛋器打散，放入一半糖粉，搅拌到黏稠。依次放入牛奶、杏仁油（都要一点点倒入）、粉类（撒入），每次都搅拌到顺滑。

2 另取一碗，放入蛋白，边一点点放入剩余的糖粉边用电动打蛋器打发，做成有光泽、质地硬实的蛋白霜。

3 在**1**的碗内放入一些**2**的蛋白霜，用打蛋器搅拌均匀。分两次放入剩余的蛋白霜，用橡皮刮刀从底部轻轻地大幅度翻拌，这次需倒回蛋白霜的碗内，再从底部大幅度翻拌，快速小心地搅拌到看不到蛋白霜的白色纹路为止。搅拌后的面糊富有光泽，质地柔软。

4 将面糊倒入什么也没涂的模具内轻轻摇晃让面糊变稳定，放入160℃的烤箱内烘烤约30分钟。在蛋糕中间插入竹扦，不会粘上蛋糕糊就表示烤好了。将模具倒扣，将中间的筒放在罐子或者高容器上，放凉。

5 完全放凉后，将刀子插入模具侧面和蛋糕之间，将刀刃沿着模具转一圈脱模。然后将刀子插入中间的圆筒、模具底部和蛋糕之间，转一圈脱模。

纯杏仁油由杏仁制成，富含有抗氧化作用的维生素E。英国Aarhus Karlshamn公司的这款杏仁油香味非常稳定，用法万能。可以代替色拉油制作甜点，也可以用来调味。

焙茶戚风蛋糕

在红茶或者抹茶甜点的潮流中，焙茶甜点是否也能占有一席之地呢？我是一个爱茶的人，除了用焙茶做甜点，还在积极研究用其他日本茶和中国茶做甜点。我住在京都，这几年经常会见到焙茶甜点。制作焙茶冰激凌的茶店也非常多。焙茶的味道浓郁、香气十足，是我每天用餐或者下午茶时必不可少的茶。

我最喜欢一保堂茶铺的"极品焙茶"。不用介意泡法，只需倒入热水，味道就很好，泡茶时便能闻到浓郁的茶香味。焙茶、番茶等深褐色的茶，历经高温烘焙，咖啡因被蒸发，即使大口大口地喝，也不会损伤肠胃。在京都仁和寺附近，有一家非常棒的咖啡馆，夏天时会提供凉焙茶，非常好喝。用带梗焙茶和特别的水泡出的凉焙茶，对于泡茶必须用热水的我来说，非常新鲜。一直以来，我家的夏天都不会少了煎茶、冻顶乌龙，焙茶也会用凉水泡来喝。

材料（直径17cm的戚风蛋糕模具1个）

低筋面粉	65g
泡打粉	1/2小匙
细砂糖	65g
蛋黄	2个
蛋白	3个
水	50mL
色拉油	35mL
盐	1小撮
焙茶叶	4g（或者2袋茶包）

提前准备

+ 焙茶叶切碎（茶包可以直接使用）。
+ 低筋面粉、泡打粉、盐混合过筛。
+ 烤箱预热到160℃。

◎ 做法

1 碗内放入蛋黄，用打蛋器打散，放入一半细砂糖，搅拌到黏稠。依次放入牛奶、色拉油（都要一点点倒入）、焙茶叶、粉类（撒入），每次都搅拌均匀。

2 另取一碗，放入蛋白，边一点点放入剩余的细砂糖边用电动打蛋器打发，做成有光泽、质地硬实的蛋白霜。

3 在1的碗内放入一些2的蛋白霜，用打蛋器搅拌均匀。放入剩余一半的蛋白霜，用橡皮刮刀从底部轻轻地大幅度翻拌，这次需倒回蛋白霜的碗内，再从底部大幅度翻拌，快速小心地搅拌到看不到蛋白霜的白色纹路为止。搅拌后的面糊既有光泽，质地也柔软。

4 将面糊倒入什么也没涂的模具内，轻轻摇晃让面糊变稳定，放入160℃的烤箱内烘烤约30分钟。在蛋糕中间插入竹扦，不会粘上蛋糕糊就表示烤好了。将模具倒扣，将中间的筒放在罐子或者高容器上，放凉。

5 完全放凉后，将刀子插入模具侧面和蛋糕之间，将刀刃沿着模具转一圈脱模。然后将刀子插入中间的圆筒、模具底部和蛋糕之间，转一圈脱模。

切分后放在盘子里，放上打发至柔软的淡奶油，淋上黑糖蜜就可以享用啦。

一保堂茶铺的焙茶。使用茶包便可省去称重和切碎茶叶的时间，非常方便。用擀面杖在茶包上轻轻擀过，会让茶叶更碎，然后就可以用了。

抹茶大理石戚风蛋糕

以浅绿色为底色，混着略深的抹茶绿色，做出大理石般的花纹。这种既有春天又有秋天感觉的蛋糕，就是抹茶戚风蛋糕。使用茶叶店制作并出售的抹茶，会让味道更浓郁。因为抹茶容易结块，所以要用网目较细的茶筛过筛后使用，这样便容易和粉类混合，也更溶于水。

以前，在我沉迷于要做出松软的海绵蛋糕时，遇到了戚风蛋糕。个头大得超乎想象，口感却细腻得让人感动，能在家里做出这样的蛋糕就好了，抱着这个想法我看了很多书，也去了好吃的戚风蛋糕店取经。

刚开始我用20cm的模具制作戚风蛋糕。那时觉得戚风软软的特别好吃，所以一定要用大模具烘烤，但是现在并不那么执着了，开始用17cm的模具。这样的分量很方便操作，将整个蛋糕作为礼物也不会特别夸张，非常有魅力。经常做甜点就会慢慢抛开"不能那样"和"应该这样"的想法，坦率地接受这些做法的优点。

材料（直径17cm的戚风蛋糕模具1个）

低筋面粉⋯⋯⋯⋯⋯⋯⋯⋯⋯⋯⋯⋯⋯	65g
抹茶粉（a）⋯⋯⋯⋯⋯⋯⋯⋯⋯⋯	1/2小匙
泡打粉⋯⋯⋯⋯⋯⋯⋯⋯⋯⋯⋯⋯⋯	1/2小匙
细砂糖⋯⋯⋯⋯⋯⋯⋯⋯⋯⋯⋯⋯⋯	65g
蛋黄⋯⋯⋯⋯⋯⋯⋯⋯⋯⋯⋯⋯⋯⋯	2个
蛋白⋯⋯⋯⋯⋯⋯⋯⋯⋯⋯⋯⋯⋯⋯	3个
水⋯⋯⋯⋯⋯⋯⋯⋯⋯⋯⋯⋯⋯⋯⋯	50mL
色拉油⋯⋯⋯⋯⋯⋯⋯⋯⋯⋯⋯⋯⋯	35mL
盐⋯⋯⋯⋯⋯⋯⋯⋯⋯⋯⋯⋯⋯⋯⋯	1小撮
┌ 抹茶粉（b）⋯⋯⋯⋯⋯⋯⋯⋯⋯	1小匙
└ 热水⋯⋯⋯⋯⋯⋯⋯⋯⋯⋯⋯⋯⋯	2小匙

提前准备

╋用热水溶解抹茶粉（b）。

╋低筋面粉、抹茶粉（a）、泡打粉、盐混合过筛。

╋烤箱预热到160℃。

〰 做法

1 碗内放入蛋黄，用打蛋器打散，放入一半细砂糖，搅拌到黏稠。依次放入水、色拉油（都要一点点倒入）、粉类（撒入），每次都搅拌均匀。

2 另取一碗，放入蛋白，边一点点放入剩余的细砂糖边用电动打蛋器打发，做成有光泽、质地硬实的蛋白霜。

3 在1的碗内放入一些2的蛋白霜，用打蛋器搅拌均匀。放入剩余的一半蛋白霜，用橡皮刮刀从底部轻轻地大幅度翻拌，这次需倒回蛋白霜的碗内，再从底部大幅度翻拌，快速小心地搅拌到看不到蛋白霜的白色纹路为止。搅拌后的面糊既有光泽，质地也柔软。

4 将抹茶液倒在面糊表面，用橡皮刮刀搅拌1~2次，做出大理石花纹。将面糊倒入什么也没涂的模具内，轻轻摇晃让面糊变稳定，放入160℃的烤箱内烘烤约30分钟。在蛋糕中间插入竹扦，不会粘上蛋糕糊就表示烤好了。将模具倒扣，将中间的筒放在罐子或者高容器上，放凉。

5 完全放凉后，将刀子插入模具侧面和蛋糕之间，将刀刃沿着模具转一圈脱模。然后将刀子插入中间的圆筒、模具底部和蛋糕之间，转一圈脱模。

倒入抹茶液，用橡皮刮刀轻轻搅拌，做出大理石花纹。抹茶容易结块，所以要用网目较细的茶筛过筛再用。溶于热水时，用小打蛋器搅拌更方便。

由于制造商和等级不同，抹茶的颜色和味道也存在很大的差异。可以多尝试几种容易买到的抹茶，来发现好的味道。我经常使用京都一保堂茶铺的抹茶。

椰子肉桂大理石戚风蛋糕

　　这是一款大理石蛋糕。像大理石一样有斑驳的岩石纹理，被称为"大理石花纹"，用2种以上的面糊制作而成。大理石花纹的做法不止1种，可以将不同颜色的面糊倒入碗中轻轻混合，也可以将不同颜色的面糊随意倒入模具中，或者依次将不同颜色的面糊倒入模具并用筷子搅拌等。另外，除了不同面糊的组合，也可以用熔化的巧克力等液体，制作大理石花纹。但不管怎么做，搅拌过度都会使花纹消失，当考虑到略微搅拌是否不够时，就是该停止手上动作的时候了。特别是在碗内制作大理石花纹，还要把倒入模具时的搅拌考虑进去。

　　这款戚风既有白色椰子的热带气息，也有茶褐色肉桂的强烈香气。入口后还能感受到椰子粉沙沙的口感，是一款非常有趣的戚风蛋糕。

　　每次都会做出不一样的大理石花纹，就像一场游戏。一起欢快地做蛋糕吧。

材料（直径17cm的戚风蛋糕模具1个）

低筋面粉	60g
泡打粉	1/2小匙
细砂糖	65g
蛋黄	2个
蛋白	3个
水	50mL
色拉油	35mL
盐	1小撮
椰子粉	30g
╲ 肉桂	1小匙略少
╲ 热水	2小匙

提前准备

+ 用热水溶解肉桂。
+ 低筋面粉、泡打粉、盐混合过筛。
+ 烤箱预热到160℃。

◎ 做法

1 碗内放入蛋黄，用打蛋器打散，放入一半细砂糖，搅拌到黏稠。依次放入水、色拉油（都要一点点倒入）、粉类（撒入）、椰子粉，每次都搅拌均匀。

2 另取一碗，放入蛋白，边一点点放入剩余的细砂糖边用电动打蛋器打发，做成有光泽、质地硬实的蛋白霜。

3 在1的碗内放入一些2的蛋白霜，用打蛋器搅拌均匀。放入剩余的一半蛋白霜，用橡皮刮刀从底部轻轻地大幅度翻拌，这次需倒回蛋白霜的碗内，再从底部大幅度翻拌，快速小心地搅拌到看不到蛋白霜的白色纹路为止。搅拌后的面糊既有光泽，质地也柔软。

4 将1/4的面糊放入另一碗内，和肉桂液混合，做成肉桂面糊。

5 将原味面糊和肉桂面糊随意倒入什么也没涂的模具内，用竹扦或者筷子搅拌，做出大理石花纹，放入160℃的烤箱内烘烤约30分钟。在蛋糕中间插入竹扦，不会粘上蛋糕糊就表示烤好了。将模具倒扣，将中间的筒放在罐子或者高容器上，放凉。

6 完全放凉后，将刀子插入模具侧面和蛋糕之间，将刀刃沿着模具转一圈脱模。然后将刀子插入中间的圆筒、模具底部和蛋糕之间，转一圈脱模。

肉桂是香料的一种，味甘并带有强烈而独特的香气。肉桂、小豆蔻、姜等的混合物是制作玛莎拉茶（Masala Tea）必不可少的原料。

将椰树的果实干燥，果肉磨成椰子粉。这里使用的椰子粉（Coconut Fine），是经过精细加工，还残留颗粒口感的椰子粉。

牛奶戚风蛋糕

材料（直径17cm的戚风蛋糕模具1个）

低筋面粉	65g
泡打粉	1/2小匙
细砂糖	65g
蛋黄	3个
蛋白	3个
炼乳	50mL
色拉油	35mL
盐	1小撮
香草油	少量

提前准备

+ 低筋面粉、泡打粉、盐混合过筛。
+ 烤箱预热到160℃。

◎ 做法

1 碗内放入蛋黄，用打蛋器打散，放入一半细砂糖，搅拌到黏稠。依次放入加热至人体体温的炼乳和色拉油（都要一点点倒入）、粉类（撒入），每次都搅拌均匀。

2 另取一碗，放入蛋白，边一点点放入剩余的细砂糖边用电动打蛋器打发，做成有光泽、质地硬实的蛋白霜。

3 在1的碗内放入一些2的蛋白霜，用打蛋器搅拌均匀。放入剩余的一半蛋白霜，用橡皮刮刀从底部轻轻地大幅度翻拌，这次需倒回蛋白霜的碗内，再从底部大幅度翻拌，快速小心地搅拌到看不到蛋白霜的白色纹路为止。搅拌后的面糊既有光泽，质地也柔软。

4 将面糊倒入什么也没涂的模具内，轻轻摇晃让面糊变稳定，放入160℃的烤箱内烘烤约30分钟。在蛋糕中间插入竹扦，不会粘上蛋糕糊就表示烤好了。将模具倒扣，将中间的筒放在罐子或者高容器上，放凉。

5 完全放凉后，将刀子插入模具侧面和蛋糕之间，将刀刃沿着模具转一圈脱模。然后将刀子插入中间的圆筒、模具底部和蛋糕之间，转一圈脱模。

现在开始做蛋糕吧。

提前准备

将模具、碗、打蛋器、橡皮刮刀等使用的工具全部摆好。模具一般会放在厨柜里，工具则放在厨房里较容易拿取的隔板上。

接下来准备材料。粉类、砂糖放在洗碗池上面的柜子里。稍微踮起脚才能够到。

先将粉筛放在方形塑料盘上，再一起置于电子秤上，用来秤重低筋面粉。此时可将泡打粉和盐加入低筋面粉中。

从冰箱中拿出3个鸡蛋。

🌀 制作蛋黄糊

将蛋黄和蛋白分离，蛋黄放入小碗内，蛋白放入大碗内。制作蛋白霜要使用凉一些的蛋白，所以要将蛋白放回冰箱。

在制作面糊前，将烤盘放入烤箱，预热到160℃。

将蛋黄用打蛋器打散。使用带手柄的碗更方便，用途也很广。

搅拌均匀后，放入一半细砂糖。

用打蛋器搅拌均匀。搅拌到这种黏稠程度就可以了。

将炼乳用微波炉加热。没有的话也可以用牛奶代替，这样做出的牛奶戚风味道会更清爽。

加热到大约人体体温，一点点倒入蛋黄内，搅拌均匀。

称重色拉油。制作蛋黄糊时操作慢一点儿也不要紧，可以边称重边倒入。如果不习惯的话，可以一开始就准备好材料。

一点点缓慢倒入色拉油，搅拌均匀。

将粉类用粉筛直接筛入碗内。不要只堆积在一个地方，要均匀地撒在整个表面。

用打蛋器以画圈的方式充分搅拌。

搅拌到顺滑就可以了。滴入香草油搅拌，蛋黄糊就做好了。静置备用。

制作蛋白霜

我用Cuisinart电动打蛋器打发蛋白。因为它的动力较大，用2~3挡的速度就可以。边一点点放入细砂糖边打发。

打发到松软有光泽的状态后，将电动打蛋器的搅拌棒撤下，改用手动搅拌（或者使用打蛋器）。

如果继续用电动打蛋器打发，泡沫会变得粗糙，所以要换成手动搅拌来调整泡沫的细密程度。

用橡皮刮刀从底部向上大幅度翻拌，仔细搅拌到看不到蛋白霜的纹路，要快速搅拌。

将蛋黄和蛋白霜搅拌均匀，做成松软有光泽的面糊。

倒入模具烘烤

将面糊倒入模具。模具内壁什么也不涂，直接倒入，烘烤时才能顺利地膨胀。

双手握住模具边缘和中间的筒，慢慢摇晃，让面糊变得稳定。

脱模

倒扣在蛋糕架上，放凉。放在罐子或者较高的容器上也可以。直至完全放凉。

首先，用手轻轻按压蛋糕边缘，在蛋糕与模具间按出缝隙。

插入戚风刀、小刮刀、或者餐刀。沿着模具边缘转一圈。

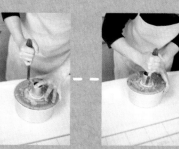

同样，也在筒的边缘插入刀子转一圈。

⑨ 做好面糊

打发到有光泽，提起打蛋器时，尖端呈角状下弯，就表示蛋白霜做好了。

将一部分蛋白霜放入刚才做好的蛋黄糊内。

用打蛋器画圈搅拌，直至均匀。即使消泡也不用介意。

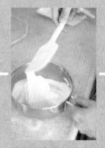

放入一半蛋白霜。用橡皮刮刀从底部大幅度、轻轻翻拌。搅拌到白色纹路消失就可以了。

将蛋黄糊倒入蛋白霜的碗内。使用带有手柄的碗操作更方便。

插入竹扦转圈搅拌，戳破里面的大气泡。这里是预防出现"切开蛋糕后里面有大的空洞"这样的失败。

将模具放入预热到160℃的烤箱内，烘烤约30分钟。顺便在右边放上一个烤箱用的温度计。

将面糊放入烤箱之后就可以放松一下。将用过的工具清洗干净。

此时该拿出蛋糕架备用了。

⑨ 完成

完成了，松软漂亮的蛋糕烤好了。

将模具倒扣，让蛋糕脱模。

在底部和蛋糕之间插入刀子，旋转一圈。

再将模具倒扣，让底部脱模。

将蛋糕放入大的保鲜袋中，常温保存，以免蛋糕干燥。也可以先切分再放入密封容器内保存。

附言

这些都是我喜欢用的碗。图片中靠上的两个是做戚风用的，右边是做饼干和黄油蛋糕用的，左边是做用3个鸡蛋做成的蛋糕卷用的。

黄油/巧克力/增添香味的材料　黄油是决定甜点味道的关键。
种类有很多，可以选择自己喜欢的味道。

+黄油

制作甜点时要使用不含食盐的黄油。如果使用有盐黄油，会因为过咸而让甜点变得有些甜腻。除此之外，像制作原味磅蛋糕这种靠材料品质取胜的简单甜点，或者想做自己喜欢的甜点，可以使用发酵黄油（同样也是无盐的）。我喜欢使用四叶乳业的新鲜黄油和明治乳业的发酵黄油。

+增添香味的材料

洋酒
从右向左依次为杏仁做成的杏仁甜酒、橙子利口酒中香味浓郁的柑曼怡力娇酒、甘蔗做成的蒸馏朗姆酒。选择洋酒时，要选味道和制作甜点的材料在同一系统中的，这是基础原则。多加尝试，选择自己喜欢的就可以。如果想控制酒精含量，也可以不放。下图是咖啡味道浓郁的利口酒KAHLÚA。用于制作咖啡味道的甜点，也适合搭配巧克力甜点。

+巧克力

既然要做甜点，最好使用没有放入其他材料的烘焙用巧克力（调温巧克力）。如果买不到的话，也可以使用市售的板状黑巧克力，这种巧克力的可可脂含量也很高。熔化巧克力之前，要尽量将其切碎，使之能快速熔化。

香草精
用来增添香草味道。分为香草精和香草油两种，一般烘烤类甜点使用的是加热后香味也不易消散的香草油，而冷制甜点使用香草精。而图片中的IL PLEUT SURLA SEINE香草精香气浓郁，也可以用于制作烘烤类甜点。

part 2

巧克力蛋糕和礼物蛋糕

正因为有"情人节=巧克力"这一等式的存在，才觉得巧克力就应该熔化

到黏稠有光泽的状态，然后满怀心意将其做成香甜的甜点，送给心爱的

人。而且随着巧克力价格的降低，其给大众的印象也变得普通！为了庆祝

特别日子所做的黑白装饰蛋糕、适合当作小点心的泡芙蛋糕、常在下午茶

出现的维多利亚夹心蛋糕，这些蛋糕都会在本章中一一介绍。

巧克力蛋糕

　　烤制的蛋糕大多呈现淡黄色、淡褐色或茶褐色，也有像焦糖般的焦褐色和巧克力般的黑色甜点，这样的甜点无论味道还是外观都让人感觉非常扎实。把多种蛋糕当成礼物送人时，深色蛋糕就可以作为装饰，非常有趣。虽然是非常朴素的甜点，但只要装饰上绳子、丝带、纸带、垫纸等，就能起到画龙点睛的作用。

　　思考包装方法虽然很有趣，但是比起蛋糕看起来是否可爱，我更重视蛋糕的味道，我的包装方法说起来只有一种。在甜点的包装上，我虽然有自己的一套方法，但也只限于变一下装饰带和蝴蝶结的种类。这样包装饼干可以避免其受潮、防止碎掉。那样包装黄油蛋糕就能防止其干燥，也不会被碰坏。虽然在包装上没有过多的讲究，但每一次我都会小心谨慎。

材料（直径16cm的圆形模具1个）

烘焙用巧克力（半甜）………………………	60g
黄油（无盐）…………………………………	40g
低筋面粉……………………………………	15g
可可粉………………………………………	15g
细砂糖………………………………………	60g
蛋黄…………………………………………	2个
蛋白…………………………………………	2个
淡奶油………………………………………	2大匙
装饰用糖粉…………………………………	适量

提前准备

+ 模具铺上油纸，或者涂抹黄油后撒上面粉（都是分量以外）。

+ 低筋面粉和可可粉混合过筛。

+ 巧克力切碎。

+ 烤箱预热到160℃。

做法

1 小碗内放入巧克力和黄油，底部放入约60℃的热水中，隔水化开巧克力和黄油，或者用微波炉加热化开巧克力和黄油。放入淡奶油搅拌。

2 另取一碗放入蛋黄，放入一半细砂糖，打发到颜色发白、体积膨胀。放入**1**搅拌到顺滑，撒入粉类，认真搅拌均匀。

3 另取一碗放入蛋白，边一点点放入剩余的细砂糖边打发，做成有光泽、质地硬实的蛋白霜。

4 将1/3量的**3**中蛋白霜放入**2**的碗内，用打蛋器搅拌均匀。放入剩余的蛋白霜，用橡皮刮刀快速翻拌均匀（注意不要残留蛋白霜的白色纹路）。

5 将蛋糕糊倒入模具中，放入160℃的烤箱内烘烤约30分钟。在蛋糕中间插入竹扦，没有粘上蛋糕糊就表示烤好了。完全放凉后脱模，根据喜好撒上糖粉。放凉后立刻食用就很好吃。

即使配方相同，使用不同的巧克力做出的甜点味道也会不同。如果配方不同，使用相同的巧克力也不会得到相同的味道（苦笑）。不管怎么样，使用烘焙专用巧克力（调温巧克力）是制作美味甜点的关键。

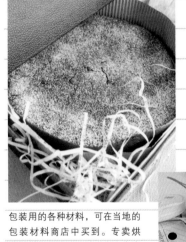

包装用的各种材料，可在当地的包装材料商店中买到。专卖烘焙材料和烘焙工具的商店也会卖包装材料。家中可常备一些像"OPP袋"这种透明的小袋（食品可用）、丝带或者天然材质的绳子、包装纸或者英文报纸等包装材料，这样就能随时将甜点包装成漂亮的礼物送人了。

小巧克力蛋糕

　　在我做过的巧克力蛋糕中，最常做就是小巧克力蛋糕。相比口感较紧实的经典巧克力蛋糕，小巧克力蛋糕的口感十分轻盈，很受孩子们的欢迎。

　　本来巧克力蛋糕是用大的圆模烘烤，小巧克力蛋糕就像其试吃版。虽然使用相同的面糊，但小蛋糕更浓缩了巧克力的味道，会得到不一样的口感，很不可思议。我很着迷于"模具魔法"，总是无法抗拒形状各异的小模具。

　　在家里招待客人的时候就会烤大蛋糕，再切成喜欢的大小。这种蛋糕和打发至蓬松的淡奶油非常配，可以随意添加。如果要当作小礼物送人，就可以做成小尺寸的。对了，在情人节这种以巧克力为主角的日子，用10～12cm的圆形或者心形模具做蛋糕，烤好后就可以当作漂亮的情人节礼物送给喜欢的人。剩余的蛋糕糊可以放入玛芬模具或者烤杯中烘烤，当作友情巧克力送朋友（笑）。

材料（直径7cm的玛芬模具约14个）

烘焙用巧克力（半甜）···120g

黄油（无盐）···100g

淡奶油··· 50mL

低筋面粉··· 50g

细砂糖··· 80g

蛋黄·· 2个

蛋白·· 3个

提前准备

+模具铺上纸托，或者涂抹黄油后撒上面粉（都是分量以外）。

+低筋面粉过筛。

+巧克力切碎。

+烤箱预热到160℃。

◎ 做法

1 小碗内放入巧克力和黄油，底部放入约60℃的热水中，隔水化开巧克力和黄油，或者用微波炉加热化开巧克力和黄油。依次放入淡奶油和蛋黄，放入粉类，搅拌到顺滑。

2 另取一碗放入蛋白，边一点点放入剩余的细砂糖边打发，做成有光泽、质地硬实的蛋白霜。

3 取一些蛋白霜放入1的碗内，用打蛋器搅拌均匀。再倒回蛋白霜的碗内，用橡皮刮刀快速翻拌均匀（注意不要残留蛋白霜的白色纹路）。

4 将蛋糕糊倒入模具中抹平，放入160℃的烤箱内烘烤15~20分钟。在蛋糕中间插入竹扦，没有粘上蛋糕糊就表示烤好了。脱模放凉。

这个分量的材料也能用于1个直径18cm的圆形模具。蛋糕脱模后放凉，待热气散去后撒上糖粉就很漂亮了。切成喜欢的大小，搭配打发至蓬松的淡奶油，味道会更好。

巧克力软蛋糕

　　印象中的巧克力软蛋糕，味道成熟厚重，而我做的巧克力软蛋糕，是用隔水蒸烤的方法制成的口感绵润的蛋糕。给小孩子吃的是用甜巧克力制作的"巧克力蒸蛋糕"，给大人吃的是用苦巧克力制作的"巧克力软蛋糕"。因为是自家做的蛋糕，名字都是我随意取的。

　　制作这款蛋糕的关键在于火候的控制。在蛋糕中心部分变热时马上从烤箱中取出，这时的火候最合适。要做成略微残留黏稠感的绵润口感，但又不能过于黏稠。插入竹扦，面糊似有似无地粘在上面，这种程度最好。虽然写了这么多，但是如果将蛋糕完全烤熟也不会难吃，所以一定要亲自尝试一下。

　　将烤好的巧克力软蛋糕冷藏保存，食用前从冰箱取出恢复至室温，让略紧实的蛋糕变得松软，只需用微波炉加热几秒就可以。

材料（直径约16cm、深3cm的耐热容器2个）

烘焙用巧克力（半甜）……………………………	90g
黄油（无盐）……………………………………	90g
牛奶……………………………………………	50mL
低筋面粉………………………………………	15g
杏仁粉…………………………………………	30g
细砂糖…………………………………………	50g
鸡蛋……………………………………………	2个
装饰用糖粉……………………………………	适量

提前准备

+ 鸡蛋室温静置回温。
+ 容器内侧涂抹一层薄薄的黄油（分量以外）。
+ 低筋面粉和杏仁粉混合过筛。
+ 巧克力切碎。
+ 烤箱预热到180℃。

◎ 做法

1 碗内放入巧克力、黄油和牛奶，底部放入约60℃的热水中，隔水化开巧克力和黄油，或者用微波炉加热化开巧克力和黄油。

2 另取一碗放入鸡蛋打散，放入细砂糖，打发到颜色发白、体积膨胀。

3 将化开的巧克力倒入2的碗内，用橡皮刮刀大幅度搅拌，撒入粉类，搅拌到没有粉类残留。

4 将蛋糕糊倒入容器内，将容器摆在烤盘上，将烤盘放入烤箱。在烤盘内倒入热水，高度约为容器的1/3，用180℃隔水蒸烤15~20分钟。在蛋糕中间插入竹扦，粘上少量蛋糕糊就表示烤好了。放凉后撒上糖粉。

除了使用较浅的圆口耐热容器，也可以使用其他适用于烤箱的容器。烤碗、蒸碗、咖啡杯都可以，使用杯子这种较深的容器时，装在里面的蛋糕糊也会比较厚，可适当延长烘烤时间，边烘烤边插入竹扦检查状态。

巧克力磅蛋糕

当天烤好的蛋糕口感轻盈，随着时间的增加更显绵润和美味，这就是巧克力磅蛋糕的魅力。这里介绍的巧克力磅蛋糕未添加多余材料，简单烘烤而成，若是放入朗姆酒渍葡萄干，就是我喜欢的味道（笑）。

因为需要熔化巧克力，所以必须先将巧克力切碎，如果是药片状的巧克力就可以直接使用。只是省下切碎巧克力的时间，就能让蛋糕制作变得更简便。我最常使用的是嘉利宝的药片状巧克力，不但味道好，用起来也很方便。要想做出美味的巧克力蛋糕，就要选用美味的巧克力，这就是关键所在。多多尝试各种巧克力，一定会遇到自己喜欢的那款。

材料（18cm×8cm×6cm的磅蛋糕模1个）

烘焙用巧克力（半甜）……………………………	80g
低筋面粉……………………………………………	50g
泡打粉………………………………………………	1/4小匙
杏仁粉………………………………………………	60g
黄油（无盐）………………………………………	80g
细砂糖………………………………………………	80g
蛋黄…………………………………………………	2个
蛋白…………………………………………………	2个
白兰地（或者朗姆酒）……………………………	1大匙

提前准备

+黄油室温静置软化。

+模具铺上油纸，或者涂抹黄油后撒上面粉（都是分量以外）。

+低筋面粉和泡打粉混合过筛。

+巧克力切碎。

+烤箱预热到160℃。

◎ 做法

1 小碗内放入巧克力，底部放入约60℃的热水中，隔水化开巧克力，或者用微波炉加热化开巧克力。

2 碗内放入软化的黄油，用打蛋器打发成奶油状，放入一半细砂糖，搅拌到颜色发白、质地变软。

3 将蛋黄一个个放入搅拌，放入白兰地、杏仁粉，搅拌均匀。

4 另取一碗放入蛋白，边一点点放入剩余的细砂糖边打发，做成有光泽、质地硬实的蛋白霜。

5 将化开的巧克力放入3的碗内搅拌，放入一些4的蛋白霜，用打蛋器搅拌均匀。改用橡皮刮刀，依次放入一半粉类→一半剩余的蛋白霜→剩余的粉类→剩余的蛋白霜，搅拌均匀。

6 将蛋糕糊倒入模具中抹平，放入160℃的烤箱内烘烤约40分钟。在蛋糕中间插入竹扦，没粘上蛋糕糊就表示烤好了，脱模放凉。

比利时嘉利宝公司生产的烘焙用巧克力中，我喜欢用药片状的巧克力。巧克力甜点中大多使用这种巧克力，有时也会换一种心情，使用法芙娜公司生产的巧克力。巧克力有很多种类，可以根据要做的甜点和心情使用。

巧克力小蛋糕

我有很多喜欢送礼物的朋友。他们送给我的礼物里既有好吃的东西，也有精致的东西，还有饱含暖心话语的信或者电话。有时会突然收到礼物，有时会在季节交替之际收到礼物，时机总是恰到好处，收到来自远方朋友的贴心问候，总是让我不禁感叹"嗯嗯，真有你的"！但是，对于一直帮助和支持我的朋友，我却无以回报，真的要反省一下不中用的自己。

若无闲暇，便无法审视周围。总觉得重要的人即使不说什么对方也一定懂，便不知不觉地撒起娇来。但是，这样做并不对。心意，一定要认真地传达才行。自己的想法、感谢的心意、不给对方添麻烦的心情，要是能把这些心意委婉传达出去就好了。

怀抱着这样的热情，开始烤制这款蛋糕。熔化、打发、搅拌，即使做法非常简单，但每一个步骤都要认真操作。小小的蛋糕里饱含了浓浓的谢意，将满满的心意传达给重要的人吧。

材料（4.5cm×4cm的迷你心形模具24个）

烘焙用巧克力………………………………	50g
黄油（无盐）………………………………	20g
细砂糖………………………………………	15g
蛋白…………………………………………	1个
淡奶油………………………………………	2大匙
杏仁粉………………………………………	15g
低筋面粉……………………………………	1小匙
泡打粉………………………………………	1/8小匙
盐……………………………………………	1小撮

提前准备

+巧克力切碎。

+杏仁粉、低筋面粉、泡打粉、盐混合过筛。

+模具内涂抹黄油并撒上面粉（都是分量以外）。

+烤箱预热到160℃。

🌀 做法

1 小碗内放入巧克力、黄油、淡奶油，底部放入约60℃的热水中，隔水化开碗内材料，或者用微波炉加热化开碗内材料。

2 另取一碗放入蛋白，放入全部细砂糖，用电动打蛋器打发成黏稠可流动的蛋白霜（六七分发状态）。撒上粉类，边用橡皮刮刀搅拌边注意不要让蛋糕糊过于黏稠，搅拌到有光泽、质地顺滑就可以。放入**1**中化开的材料，搅拌均匀。

3 将蛋糕糊倒入模具，放入160℃的烤箱内烘烤约12分钟。脱模放凉。

使用硅胶心形烤盘制作。

烤成一口大小的蛋糕，不但样子可爱，也非常好吃，偶尔变换心情时，就会使用玛芬模具烘烤。将同样分量的蛋糕糊放入4个直径7cm的玛芬模具中，在160℃的烤箱内烘烤20~25分钟。有时会直觉地认为"这种蛋糕糊就应该放入这样的模具中"，但尝试使用不同的模具，反而会做出各式各样的蛋糕。

奶酪可可玛芬蛋糕

近似蛋糕的玛芬比例，放入大量奶油奶酪，味道浓郁厚重，奶酪可可玛芬蛋糕就是这样一款蛋糕。如果想让口感更轻盈，可以用玉米淀粉代替部分粉类。

吃到好吃的食物，就会想要再现其味道。但完美地再现非常困难，我只能记住当时的感觉，再慢慢消化吸收，从而制作出各种形式的美食。记住美食的味道、了解美食的种类，是制作美食的重中之重。不仅是制作甜点，烹饪也是如此。

把对美食的印象刻在脑海中，再将想吃的味道和怀念的味道作成食物。其间会产生"就是这个味道"的感觉，也会想"要是那样做的话会不会更好呢"，不断地自问自答，直到得出结论，感觉跟分娩时遭受的痛苦差不多（苦笑），但这不应该是让人讨厌的事才对。即使是枯燥的工作，如果自己觉得有趣，就不会感觉到苦吧。

不是为了写食谱做蛋糕，而是做出了想吃的蛋糕，然后一个字一个字地记录成食谱。我做蛋糕和写食谱的过程就是这样。

材料（9cm×5.5cm×3.5cm的迷你磅蛋糕模具约4个）

低筋面粉	60g
玉米淀粉	20g
可可粉	20g
泡打粉	1/3小匙
黄油（无盐）	40g
奶油奶酪	40g
细砂糖	80g
鸡蛋	1个
牛奶	3大匙
盐	1小撮

提前准备

+ 黄油、奶油奶酪、鸡蛋室温静置回温。

+ 低筋面粉、玉米淀粉、可可粉、泡打粉、盐混合过筛。

+ 模具内涂抹黄油并撒上面粉（都是分量以外）。

+ 烤箱预热到170℃。

◎ 做法

1 碗内放入软化的黄油和奶油奶酪，用打蛋器搅拌成奶油状，放入细砂糖，搅拌到颜色发白、质地蓬松。一点点放入打散的蛋液，认真搅拌均匀。

2 撒入一半粉类，用橡皮刮刀搅拌均匀，搅拌到残留少量粉类，放入牛奶搅拌均匀。撒入剩余的粉类，搅拌至顺滑、有光泽。

3 将蛋糕糊倒入模具中抹平，放入170℃的烤箱内烘烤约25分钟。在蛋糕中间插入竹扦，没粘上黏稠的蛋糕糊就表示烤好了。脱模放凉。

Kiri的奶油奶酪略带咸味和酸味，奶酪本身质地柔软，方便操作。多尝试几款奶油奶酪，就会遇到自己喜欢的。

另外，若使用21cm×8cm×6cm的磅蛋糕模具，按照此食谱的分量可以烤1个蛋糕。放入160℃的烤箱内烘烤约40分钟即可。

双重巧克力蛋糕

　　用熔化的巧克力和可可粉制作出味道略苦的巧克力黄油蛋糕。放入的巧克力片，增添了一层巧克力口感。按喜好加入打发的原味淡奶油就可以美美地享用啦。

　　除了巧克力片，我还因为有趣而加过新鲜水果、水果罐头或者果干，不管加什么都可以的蛋糕，让人觉得非常可靠。我非常喜欢烤制放入朗姆酒渍葡萄干的蛋糕。烤好后立刻在蛋糕表面刷上朗姆酒，味道更成熟。

材料（18cm×8cm×6cm的磅蛋糕模具1个）

烘焙用巧克力（半甜）··············	60g
牛奶··························	1大匙
低筋面粉······················	70g
可可粉·······················	15g
泡打粉·······················	1/3小匙
黄油（无盐）···················	80g
细砂糖·······················	80g
鸡蛋·························	2个
巧克力片······················	50g
朗姆酒·······················	1大匙

提前准备

＋黄油和鸡蛋室温静置回温。

＋模具内铺上油纸，涂抹黄油并撒上面粉（都是分量以外）。

＋低筋面粉、可可粉、泡打粉混合过筛。

＋巧克力切碎。

＋烤箱预热到160℃。

◎ 做法

1 小碗内放入巧克力和牛奶，底部放入约60℃的热水中，隔水加热至顺滑，或者放入微波炉加热化开巧克力。

2 另取一碗放入软化的黄油，用打蛋器搅拌成奶油状，放入细砂糖，搅拌到颜色发白、质地蓬松。放入搅拌，一点点放入打散的蛋液，搅拌均匀。

3 撒入粉类，用橡皮刮刀搅拌，搅拌到没有干面粉，放入巧克力片和朗姆酒，搅拌到出现光泽。

4 将蛋糕糊倒入模具中抹平，放入160℃的烤箱内烘烤约45分钟。在蛋糕中间插入竹扦，没有粘上蛋糕糊就表示烤好了。脱模放凉。

想连同模具一起将甜点送给别人时，可以使用纸模、锡纸模，或者便宜的陶器。最近，经常使用木制的模具。除了在烘焙材料店、烘焙工具店、包装材料店购买商品，在杂货店也会见到可爱的商品。有些模具会连同里面铺的油纸搭配销售，用过一次后可以铺入新的油纸，这样便可重复使用。

比利时嘉利宝公司的烘焙用巧克力是我的必备材料。我在味道方面很保守，相信大家也会跟我一样喜欢这款巧克力的味道。药片状的巧克力非常好用，无须切碎就可以熔化至顺滑。

直接使用市售的巧克力片非常方便，也可以将普通的巧克力切碎后使用。虽然切碎巧克力需要一些时间，但可以用自己喜欢的巧克力制作可口的蛋糕。

绵润巧克力蛋糕

将混入蛋白霜、轻盈柔软的巧克力蛋糕糊隔水蒸烤，做成绵润柔软的蛋糕。使用味道略苦的巧克力和可可粉，就能做出更具成熟魅力的蛋糕。蛋白霜的纹理打发得越细腻，质地也会越黏稠。这样才能做出顺滑绵润的口感。

可以用白兰地、咖啡利口酒代替朗姆酒。我非常喜欢朗姆酒渍葡萄干和甘纳许的组合，这是从季节限量的大人口味巧克力"Rummy"上得到的启发，只放入葡萄干味道也很好。想要做出日式的巧克力蛋糕，可以放入蒸栗子或者甜栗子。栗子会沉到小蒸碗底部，倒入蛋糕糊烘烤，就能做出既美味又可爱，而且方便食用的蛋糕。直接当作礼物也很好。

当然也可以用直径约16cm的浅圆模具代替方形模具烤制这款蛋糕。虽然烤箱的温度和烤制时间大致相同，但也要根据状态酌情加减。

材料（16cm×16cm的方形模具1个）

烘焙用巧克力（半甜）··················	65g
黄油（无盐）·····························	30g
细砂糖·······································	50g
淡奶油·······································	60mL
蛋黄···	2个
蛋白···	2个
低筋面粉···································	10g
可可粉·······································	10g
朗姆酒（有的话）·························	1大匙

提前准备

+ 黄油室温静置回温。

+ 巧克力切碎。

+ 低筋面粉和可可粉混合过筛。

+ 模具内铺入油纸。

+ 烤箱预热到150℃。

◎ 做法

1 碗内放入巧克力和黄油，倒入用微波炉或者小锅加热到接近沸腾的淡奶油，用打蛋器轻轻搅拌，化开巧克力和黄油。

2 依次放入蛋黄（一个个放入）、朗姆酒、粉类，每次都搅拌均匀。

3 另取一碗放入蛋白，边一点点放入细砂糖边打发，做成黏稠的、能呈缎带状慢慢滑落的蛋白霜（六七分发）。

4 将部分3的蛋白霜放入2的碗内，用打蛋器搅拌均匀。分两次放入剩余的蛋白霜，用橡皮刮刀大幅度搅拌均匀。

5 将蛋糕糊倒入模具中抹平，将模具放在烤盘上，将烤盘放入烤箱，在烤盘内倒入热水，高度约为模具的1/3，用150℃蒸烤约50分钟（中途热水烤干时要及时添水）。在蛋糕中间插入竹扦，没有粘上黏稠的蛋糕糊就表示烤好了。完全放凉，脱模。

用美味的巧克力制作出的巧克力蛋糕自然美味无比。我用朋友T送的JEAN-PAUL HEVIN巧克力制作巧克力蛋糕，真的非常好吃。

用陶碗或者锡纸模烘烤蛋糕，不仅操作方便，而且非常适合当作小礼物送人。此类模具的烘烤时间略有不同，蒸碗烘烤20分钟，细长的小磅蛋糕模具烘烤约30分钟。这样的小模具可以在购买烘焙材料的时候，顺便在烘焙材料店买一些。

白色装饰蛋糕

我刚开始做蛋糕时，最先接触的一本书，就是当时日本小学馆出版的Mini Lady系列《制作漂亮甜点》。一本小小的精装书，卷首刊载了几张成品照片，之后是很多插图和文章，详细地说明了做法。较难的汉字上还有注音，明明是面向中小学生的书，但是却刊载了很多专业的蛋糕制作方法，现在看来也很有趣。因为经常翻看饼干那一页，导致打开书的时候都会自动翻到那一页，而泡芙的页面则粘着黄油的痕迹。

同系列还有另一本名为《制作世界甜点》的书，这本书的内容就更深奥了。书上刊载了法国的国王饼、德国的黑森林蛋糕、澳大利亚的苹果馅饼等做法，时至今日我都觉得内容充实、兴趣满满。快乐的烹饪书、手工入门、少女漫画入门等，这个系列我还买了其他几本书。但现在留在我身边的，就只有这两本跟甜点相关的书了。此时越发觉得我和甜点的缘分如此深远。

材料（直径15cm的圆形模具1个）

海绵蛋糕糊

低筋面粉	60g
黄油（无盐）	10g
细砂糖	65g
鸡蛋	2个
牛奶	1大匙
蜂蜜	1小匙

糖浆

水	50mL
细砂糖	1大匙
喜欢的利口酒	1/2大匙

奶油

淡奶油	200mL
细砂糖	1大匙
喜欢的利口酒	1小匙

板状巧克力（白巧克力） | 1板

提前准备

+ 鸡蛋室温静置回温。
+ 板状巧克力用饼干模具削碎，放入冰箱冷藏。
+ 低筋面粉过筛。
+ 模具内铺上油纸。
+ 烤箱预热到170℃。

◎ 做法

1 制作海绵蛋糕。小碗内放入黄油、牛奶和蜂蜜，底部放入约60℃的热水中，隔水化开黄油，或者放入微波炉加热化开黄油。放入热水中保温。

2 另取一碗放入鸡蛋打散，放入细砂糖用打蛋器粗略搅拌。底部放入约60℃的热水中，用电动打蛋器（或者普通打蛋器）打发。大约加热到人体体温，撤下热水，打发到颜色发白、体积膨胀（舀起时能呈缎带状缓缓落下，且能暂时保持一定形态）。用电动打蛋器低速打发，整理纹路。

3 撒入粉类，用橡皮刮刀从底部大幅度翻拌均匀。翻拌到没有干面粉，将一些面糊倒入1的碗内搅拌均匀，再倒回原来的碗内，用橡皮刮刀从底部大幅度搅拌均匀（搅拌到柔软细腻、有光泽的状态就可以了）。

4 将蛋糕糊倒入模具，放入170℃的烤箱内烘烤约25分钟。在蛋糕中间插入竹扦，没有粘上黏稠的蛋糕糊就表示烤好了。脱模，带着纸放凉（稍微放凉后，用保鲜膜包裹放入保鲜袋）。

5 制作糖浆。小锅内放入水和细砂糖，加热到沸腾，细砂糖溶化后离火。放凉，倒入利口酒搅拌均匀。

6 制作奶油。碗内放入淡奶油、细砂糖和利口酒，打发到质地柔软、没有小角立起的状态（七分发）。

7 装饰。海绵蛋糕完全放凉后将纸撕下来，横向切成4片。在第一片蛋糕的表面用刷子刷上糖浆，用刮刀涂抹上奶油。在第二片蛋糕的表面刷上糖浆，将带有糖浆的一面叠放在第一片蛋糕上，上面再刷上糖浆、抹上奶油。重复操作将4片蛋糕叠加起来。剩余的奶油用刮刀涂抹在整个蛋糕上，撒上巧克力碎屑。

装饰用的轻飘飘的木屑状、卷卷状巧克力。将巧克力板置于室温下略微软化，用饼干压模、汤匙、削皮器等在其表面削出巧克力碎屑。做出漂亮的巧克力形状非常困难，先从切碎巧克力开始，会更加轻松有趣。

从插画封面的设计来看真的非常怀旧，令人怀念的烘焙书。感受到了时光的流逝。来我家做客的烘焙爱好者看到这本书，都会惊呼"好怀念～"。

黑色装饰蛋糕

　　海绵蛋糕和淡奶油中都使用巧克力，做成简单的装饰蛋糕。将海绵蛋糕中的蛋黄和蛋白分别打

发，就能做出口感轻盈的蛋糕，奶油中倒入牛奶增加清爽度，与外观比起来更显细腻、入口即化。

　　和前页介绍的白色装饰蛋糕相同，为了留下更多发挥创意的空间，而没有使用特殊材料。将海绵

蛋糕切成几片，夹入水果和干果，在装饰上多下些功夫，尽情发挥创意做出自己喜欢的味道。按喜好

在巧克力奶油中混入烘烤后切碎的核桃仁，搭配白色的海绵蛋糕也非常美味，所以也可以尝试一下黑

白配的组合。

材料（直径15cm的圆形模具1个）

海绵蛋糕糊
低筋面粉	50g
黄油（无盐）	10g
细砂糖	65g
烘焙用巧克力（半甜）	15g
蛋黄	2个
蛋白	2个

糖浆
水	50mL
细砂糖	1大匙
白兰地或者喜欢的利口酒	1/2大匙

奶油
淡奶油	150mL
烘焙用巧克力（半甜）	35g
牛奶	2大匙
可可粉	适量

提前准备

+ 将烘焙用巧克力分别切碎。
+ 低筋面粉过筛。
+ 模具内铺上油纸。
+ 烤箱预热到170℃。

🌀 做法

1 制作海绵蛋糕。小碗内放入黄油、巧克力，底部放入约60℃的热水中，隔水化开黄油和巧克力，或者放入微波炉加热化开黄油和巧克力。放在热水中保温。

2 另取一碗放入蛋黄打散，放入一半细砂糖，打发到颜色发白、体积膨胀。

3 再取一碗放入蛋白，边一点点放入剩余的细砂糖边打发，做成有光泽、质地硬实的蛋白霜。将部分蛋白霜放入2的碗内，用打蛋器搅拌均匀后倒回蛋白霜的碗内，用橡皮刮刀从底部大幅度翻拌。

4 翻拌到看不到蛋白霜纹路，撒入粉类，从底部大幅度翻拌均匀，直到没有干面粉，取部分面糊倒入1的碗内，搅拌均匀后倒回原来的碗内，用橡皮刮刀从底部快速大幅度翻拌（搅拌均匀，看不到巧克力纹路就可以了）。

5 将蛋糕糊倒入模具，放入170℃的烤箱内烘烤约25分钟。在蛋糕中间插入竹扦，没有粘上黏稠的蛋糕糊就表示烤好了。脱模，带着纸放凉（略微放凉后，用保鲜膜包裹放入保鲜袋）。

6 制作糖浆。小锅内放入水和细砂糖，加热到沸腾，细砂糖溶化后离火。放凉，倒入利口酒搅拌均匀。

7 制作奶油。碗内放入巧克力和牛奶，隔水或者微波加热化开巧克力，倒入另一碗内放凉。边一点点倒入淡奶油边用打蛋器轻轻搅拌（注意如果一次倒入全部淡奶油，巧克力容易凝固），打发到柔软、没有小角立起的状态（七分发）。

8 装饰。海绵蛋糕完全放凉后将纸撕下来，横向切成3片。在第一片蛋糕的表面用刷子刷上糖浆，用刮刀涂抹上奶油。在第二片蛋糕的表面刷上糖浆，将带有糖浆的一面叠放在第一片蛋糕上，上面再刷上糖浆、抹上奶油。重复操作将3片蛋糕叠加起来。剩余的奶油用刮刀涂抹在整个蛋糕上，用茶筛将可可粉筛在蛋糕表面。

海绵蛋糕静置1天后质地会变得扎实，装饰的前一天烤好海绵蛋糕就可以了。这里切掉了表面烤焦的部分，也可以不切掉直接使用。

用来装饰的奶油，严格地说，里面夹心的奶油要略微硬实，覆盖表面的奶油要略微柔软，这种程度最为理想。先将所有奶油都打发成柔软状态，再在同一个碗内留下一半的奶油继续打发到略微硬实，夹在蛋糕中间就可以了。

大泡芙蛋糕

　　原本做的是像法式海绵小蛋糕一样的小泡芙蛋糕。转念一想做大点应该也不错吧？只是出于兴趣的尝试，没想到却做出了这款样子可爱、蓬松厚实的蛋糕。

　　不使用模具直接做成大的蛋糕，将蛋黄认真搅拌均匀，蛋白霜也完全打发。粉类不需要过度搅拌，适度搅拌就可以，待蛋糕糊变得浓稠不易流动，就能烤制出类似大泡芙或者法式乡村面包的海绵蛋糕了。

　　放凉后立刻夹上奶油食用，既能享受到刚烤好时表面的酥脆感，也能尝到蛋糕内部松软口感。大家聚在一起，从做海绵蛋糕开始，边叽叽喳喳地热聊边制作，最后一起享用刚出炉的蛋糕。切分时不需要用刀子，用分菜勺、大汤匙、叉子等随意切开，盛在盘中。夹上奶油后冷藏1天，表面就会变得绵润且呈金黄色，奶油也会融入蛋糕中，这种食用方法真的难以舍弃啊。两种吃法我都喜欢，所以蛋糕烤好时我会先吃一半，剩余的一半放到第二天再吃（笑）。

材料（直径约18cm的蛋糕1个）

海绵蛋糕

低筋面粉	70g
糖粉	60g
蛋黄	2个
蛋白	3个
牛奶	1大匙（也可以不放）

卡仕达酱

蛋黄	1个
牛奶	80mL
细砂糖	25g
黄油（无盐）	10g
玉米淀粉	1大匙
香草豆荚	1/4根（或者少量香草油）

淡奶油·······100mL

朗姆酒渍葡萄干（根据喜好）·······1～2大匙

烘烤前撒上的糖粉·······适量

提前准备

+ 低筋面粉过筛。
+ 烤盘内铺上油纸。
+ 烤箱预热到180℃。

◎ 做法

1 制作海绵蛋糕。小碗内放入蛋黄打散，放入一半细砂糖，打发到颜色发白、体积膨胀。

2 另取一碗放入蛋白，边一点点放入剩余的细砂糖边打发，做成有光泽、质地硬实的蛋白霜。将部分蛋白霜放入1的碗内，用打蛋器搅拌均匀后，分两次放入剩余的蛋白霜，用橡皮刮刀从底部大幅度翻拌。

3 撒入粉类，搅拌均匀，由橡皮刮刀将面糊堆积在烤盘上，做成直径约18cm的圆形。将糖粉过筛撒到表面，放入180℃的烤箱内烘烤20～25分钟，带着纸放在蛋糕架上放凉。

4 制作卡仕达酱。耐热容器内放入细砂糖和玉米淀粉，用打蛋器搅拌，倒入牛奶搅拌到溶解，将香草豆荚纵向剖开，刮出香草籽，放入耐热容器内搅拌均匀。无须盖保鲜膜，放入微波炉加热1分30秒～2分钟，略微沸腾后取出，用打蛋器快速搅拌。放入蛋黄搅拌均匀，再放入微波炉加热30秒～1分钟，略微沸腾后取出，快速搅拌到没有疙瘩。放入黄油，用余热化开黄油，碗底放入冰水中，搅拌到完全冷却。

5 将淡奶油打发到有柔软的小角立起（八分发），放入4的碗内，用橡皮刮刀粗略搅拌，放入葡萄干搅拌均匀。海绵蛋糕完全放凉，对半切开，夹入奶油。

泡芙蛋糕糊不是从碗内缓缓倒在烤盘上的，而是用橡皮刮刀舀起，然后堆在烤盘上。

除了葡萄干，还可以将草莓、香蕉等水果混入奶油中。使用罐头的话，黄桃和白桃的双桃组合非常受欢迎。把栗子酱或者栗子泥混入淡奶油中，再用朗姆酒提味，就是大人喜欢的味道。

维多利亚夹心蛋糕

　　在英国流传至今的传统甜点中，有这样一款名为"维多利亚蛋糕"或者"维多利亚三明治蛋糕"的甜点。从名字就能看出，这是为维多利亚女王做的蛋糕，将磅蛋糕切片，夹上果酱，一款简单朴素的蛋糕就做好了。既然是在热爱红茶的国度里诞生的蛋糕，其味道自然与奶茶非常配。在午后的氛围里搭配红茶享用这款蛋糕，就像黄金准则一样完美。

　　传统做法中，黄油蛋糕的黄金比例近似于磅蛋糕，粉类、砂糖、鸡蛋和黄油4种材料几乎用量相同，这对我来说味道略微厚重，将蛋糕切片涂上果酱，这样蛋糕口感更轻盈。虽然追求的是轻盈的口感，但还是希望感受到粉类和黄油的味道，于是就有了现在用的配方。而且，蛋糕里还夹入了我最喜欢的淡奶油。虽说有些不正宗，但只要我喜欢就可以啦（笑）。

　　黄色的蛋糕、白色的奶油，还有红色的果酱，这样的配色非常好看，所以果酱我大多选用草莓酱或者覆盆子酱。莓果的红色看起来真可爱。

材料（直径15cm的圆形模具1个）

低筋面粉……………………………… 80g

泡打粉………………………………… 1/8小匙

黄油（无盐）………………………… 60g

细砂糖………………………………… 60g

鸡蛋…………………………………… 2个

牛奶…………………………………… 2大匙

盐……………………………………… 1小撮

︱淡奶油……………………………… 60mL

︱喜欢的利口酒……………………… 1/2小匙

喜欢的果酱（草莓酱等）、装饰用的糖粉…… 各适量

提前准备

+鸡蛋室温静置回温。

+低筋面粉、泡打粉、盐混合过筛。

+模具内铺上油纸，涂抹黄油后撒上面粉（都是分量以外）。

+烤箱预热到160℃。

🌀 做法

1 耐热容器内放入黄油和牛奶，微波炉或者隔水（将耐热容器的底部放入约60℃的热水中）加热化开黄油。放在热水中保温。

2 碗内放入鸡蛋，用电动打蛋器打散，放入细砂糖粗略搅拌。隔水加热，用电动打蛋器高速打发，大约加热到人体体温后撤下热水，打发到颜色发白、体积膨胀（舀起时能呈缎带状缓缓落下，且能暂时保持一定形态）。电动打蛋器改为低速，整理纹路让蛋糊变稳定。

3 将1的黄油分2~3次放入，用打蛋器从底部翻拌。撒入粉类，用橡皮刮刀从底部大幅度翻拌均匀。

4 将蛋糕糊倒入模具中抹平，放入160℃的烤箱内烘烤约40分钟。在蛋糕中间插入竹扦，没有粘上黏稠的蛋糕糊就表示烤好了。散热后，脱模放凉。

5 碗内放入淡奶油和利口酒，打发到有柔软的小角立起（八分发）。将蛋糕对半切开，切面依次涂抹果酱、淡奶油，放上另1片蛋糕。盖上保鲜膜，暂时放入冰箱冷藏，根据喜好撒上糖粉。

图片左侧是"高畠农场"的草莓果酱，味道非常好，在附近超市就能买到，非常方便。右侧是草莓＆覆盆子的稀果酱，是在长野县一家名叫"花实"的店里买到的果酱。

关于工具

就像每天做饭一样，我也是以这种轻松的心态来做甜点的。
我常常在想能省的功夫就一定要省！为了做得轻松好吃，
选择好用的工具非常关键。左下方的3个工具对我来说是必不可少的。

+让烘焙更方便的工具

食物料理机
只要按一个按钮就能做出各种面糊，
操作简单，是非常棒的机器。对我来
说则是必不可少的勤劳帮手。也可以
用来切蔬菜，或者用于烹饪的准备阶
段，在我家是专门做甜点用的。我喜
欢用的是Cuisinart的DLC-10PLUS，
容量为1.9L。

BAMIX手持搅拌器
功能和食物料理机类似，可以直接放
入杯子或者锅内搅拌，非常方便。真
的有种手延长了的感觉。只需将材料
搅拌均匀就可以了。用于制作果泥，
或者打发淡奶油。

电动打蛋器
打发蛋液时的常用工具。Cuisinart的
电动打蛋器拿起来非常重，马力十
足，值得信赖。用它可以做出蓬松细
腻的蛋白霜或者面糊。

+给烘焙加分的工具

粉筛 / 滤网
过筛粉类时使用。图片下方是大杯子形
状的粉筛，可以握住手柄画圈转动过
筛。因为可以单手操作，遇到边过筛边
搅拌的操作就会很顺利。其他两个是被
称为"strainer"的万用滤网。网眼比
普通的滤网更细，可以过滤面糊。

刮板
塑料材质的薄板。制作派或挞的面团
时，用来切拌黄油和粉类。用于切
分、搅拌、混合材料，用途非常广。抹
平倒入模具或烤盘内的面糊时，也会用
到刮板。另外，还可以用于收集案板上
的材料，在烹饪中也有很大的用处。

重石
空烤挞皮或者派皮时，为了避免底部膨
胀，会将重石压在面团上。没有的话也
可以用老豆子或者米来代替。先在面皮
上铺上油纸或者锡纸，再放上重石。

挞和派

面皮和内馅分开制作、组合、烘烤。挞和派是在一个碗内就能做好的简单
烘焙，但也并不绝对。我觉得挞和派是做起来非常有价值、有成就感的甜
点。另一方面，如果想降低挞的制作难度，推荐制作酥粒挞。觉得认真铺
挞皮很麻烦，又想吃到好吃的挞，这时就可以尝试做一做酥粒挞。

鲜果派

派皮的层次看似很难制作，但是只要有食物料理机就可以瞬间做好，简单到令人震惊！第一次做这款甜点时的感动至今难忘，所以，直到现在每次做派皮时都会延续这份感动。

不仅是做派皮，还有饼干面团或挞皮、司康和奶酪蛋糕糊等，没有食物料理机，我的甜点生活就真的无法继续了。挞皮或者派皮可以冷冻保存，做1块面皮时可以顺带多做几块冷冻。制作甜点的前一天将面皮从冷冻室移入冷藏室，自然解冻后便可以使用了。

酥松的派皮搭配卡仕达酱和新鲜水果，非常美味。应季水果能让人感受到季节的气息，一边制作各种水果派一边享受其中的乐趣吧。

材料（直径21cm的挞盘1个）

派皮

低筋面粉	120g
黄油（无盐）	100g
凉水	50mL
盐	1小撮略多

卡仕达酱

蛋黄	2个
细砂糖	60g
玉米淀粉	15g
牛奶	200mL
朗姆酒	1小匙
香草油	少量
淡奶油	100mL

手粉（可以用高筋面粉） …… 适量
装饰用水果、薄荷叶、糖粉 …… 各适量

提前准备

+黄油切成1.5cm小块，冷藏备用。

◎ **做法**

1 制作派皮。食物料理机内放入低筋面粉和盐，打开开关粗略搅拌粉类。

2 放入黄油，重复打开和关闭开关，将黄油和粉类混合，倒入凉水。再重复打开和关闭开关，搅拌成没有干面粉的面团后取出。

3 压平后放入保鲜袋或者用保鲜膜包裹，冷藏静置1小时以上。

4 操作台上撒上手粉，放上取出的面团，用擀面杖擀成3mm厚的圆形派皮，铺入模具中。派皮底部用叉子叉出小洞，盖上保鲜膜，冷藏30分钟以上。烤箱预热到190℃。

5 在4的派皮上铺上油纸，放上重石（老豆子或者派石），放入190℃的烤箱内空烤约25分钟上色。散热后，脱模放凉。

6 制作卡仕达酱。碗内放入蛋黄，用打蛋器打散，放入细砂糖搅拌均匀，放入玉米淀粉搅拌均匀。

7 锅内倒入牛奶加热到接近沸腾，边将牛奶一点点倒入6内边搅拌均匀。用滤网过滤回锅内，边中火加热边不断搅拌，煮到黏稠。离火后放入朗姆酒和香草油，倒入方盘内，表面紧紧盖上保鲜膜，放凉。

8 将淡奶油打发到黏稠（七分发），和7混合，倒入挞盘内，用汤匙背部抹平表面。装饰上水果或薄荷，根据喜好撒上糖粉。

👋 **用手制作派皮时**

1 碗内放入过筛的低筋面粉和盐，放入切成1.5cm、冷藏放凉的黄油。

2 用刮板（参考52页）将黄油切拌进粉类中，做成蓬松的状态。倒入凉水揉匀，揉成团后冷藏备用。之后的步骤参照左侧步骤3及以后。

派皮或者挞皮可以冷冻保存，使用方便。将面团揉成扁圆形，用保鲜膜紧紧包裹，放入冷冻室保存。烘烤前一天移入冷藏室，自然解冻后就可以直接使用了。

可以选择自己喜欢的水果装饰，草莓和蓝莓的混合装饰就很好，只用蓝莓或者橙子装饰也很好。1个21cm挞盘使用的面团，可以制作5个直径10cm的挞，或者制作9~10个直径8cm的挞。

核桃焦糖奶油挞

制作焦糖味的甜点，关键是做好焦糖，这是理所当然的。虽然做过很多次焦糖或者焦糖酱，但每次做的时候，看到砂糖咕嘟咕嘟冒泡的样子还是很兴奋，关火的时候也很紧张。

我经常将砂糖煮到焦黑（其实非常苦，不受欢迎，但是我却很满足），但是因为这里制作的焦糖奶油酱可以直接食用，所以一定要严格把握焦化的程度。在砂糖溶化变成浅褐色并有烟升起时立刻关火，倒入淡奶油。这款焦糖奶油味道柔和，可以像焦糖酱一样用在各种甜点制作中，非常方便。放在冷藏室里大概能保存2个星期，只需做一瓶，就能让每天的生活更甜蜜。

材料（5cm×8cm的挞盘约7个）

挞皮（使用一半的量）

低筋面粉	160g
杏仁粉	25g
黄油（无盐）	100g
细砂糖	50g
蛋黄	1个
盐	1小撮

焦糖奶油

细砂糖	50g
水	1大匙
淡奶油	150mL
核桃	80g
手粉（可以用高筋面粉）	适量

提前准备

+ 黄油切成1.5cm小块，冷藏备用。

+ 核桃切碎，放入160℃的烤箱内烘烤10~15分钟。

做法

1 制作挞皮。食物料理机内放入低筋面粉、杏仁粉、细砂糖和盐，打开开关粗略搅拌粉类。

2 放入黄油，重复打开和关闭开关，将黄油和粉类混合，放入蛋黄。再重复打开和关闭开关，搅拌成没有干面粉的面团后取出。

3 将面团分成两等份，压平后用保鲜膜包裹，冷藏静置1小时以上。这里使用1个面团即可，剩下的面团可以冷冻保存。

4 操作台上撒上手粉，放上取出的面团，用擀面杖擀成2~3mm厚的挞皮，铺入模具中。挞皮底部用叉子叉出小洞，盖上保鲜膜，冷藏30分钟以上。烤箱预热到180℃。

5 在4的挞皮上铺上油纸，放上重石（老豆子或者派石），放入180℃的烤箱内空烤15~20分钟上色。散热后，脱模放凉。

6 制作焦糖奶油。小锅内放入细砂糖和水，中火加热，不要晃动锅，加热溶化细砂糖。边缘开始上色后，晃动锅，让颜色更均匀，变成淡淡的焦糖色后关火。倒入用微波炉或者另一个小锅加热的淡奶油（注意别煮沸），放凉，放入核桃粗略搅拌。

7 挞皮内倒入焦糖奶油，装饰上核桃（分量以外）。放入冷藏室，放凉后就可以食用了。

用手制作挞皮时

1 碗内放入室温软化的黄油，用打蛋器搅拌成奶油状，放入细砂糖，搅拌到颜色发白。放入蛋黄搅拌均匀。

2 将过筛的低筋面粉、杏仁粉和盐全部放入，用橡皮刮刀搅拌到没有干面粉。之后的步骤参照左侧步骤3及以后。

这款焦糖奶油的苦味和风味都非常柔和。有类似焦糖酱的感觉，可以抹在吐司上，也可以淋在冰激凌上。

柠檬奶油挞

从初夏到盛夏想做、想吃的就是这款挞。酸甜可口的柠檬奶油非常清爽，在下午茶的时候和冰红茶一起享用，夏日的午后也会因此变得凉爽。

京都的茶叶专卖店La mélangée，有一款名为"CITRON"的添加柠檬皮的柠檬味红茶。几年前从朋友K那里知道这款茶，就想着用它制作柠檬奶油挞。La mélangée的私家格雷伯爵红茶，是我最喜欢的红茶。夏天喝着加了冰块的格雷伯爵红茶，真是神清气爽。特别是放入牛奶和蜂蜜后，会变成沉稳的亚麻色"红茶牛奶"。京都的夏天非常闷热令人不舒服，但是只要有冰凉的红茶牛奶和美味的甜点，就感觉"能撑过这个夏天啦"，我真是十足的吃货。

材料（直径10cm的挞盘3个）

挞皮（使用一半的量）

低筋面粉	160g
杏仁粉	25g
黄油（无盐）	100g
细砂糖	50g
蛋黄	1个
盐	1小撮

柠檬奶油

蛋黄	1个
细砂糖	40g
玉米淀粉	1大匙
牛奶	80mL
柠檬汁	2大匙

淡奶油 ………………………………… 100mL

手粉（也可以用高筋面粉）……… 适量

装饰用糖粉、水果、薄荷叶 ……… 各适量

提前准备

+ 黄油切成1.5cm小块，冷藏备用。

做法

1 制作挞皮。食物料理机内放入低筋面粉、杏仁粉、细砂糖和盐，打开开关粗略搅拌粉类。

2 放入黄油，重复打开和关闭开关，将黄油和粉类混合，放入蛋黄。再重复打开和关闭开关，搅拌成没有干面粉的面团后取出。

3 将面团分成两等份，压平后放入保鲜袋中，冷藏静置1小时以上。这里使用1个面团即可，剩下的面团可以冷冻保存。

4 操作台上撒上手粉，放上取出的面团，用擀面杖擀成2～3mm厚的挞皮，铺入模具中。挞皮底部用叉子叉出小洞，盖上保鲜膜，冷藏30分钟以上。烤箱预热到180℃。

5 在4的挞皮上铺上油纸，放上重石（老豆子或者派石），放入180℃的烤箱内空烤15～20分钟上色。散热后，脱模放凉。

6 制作柠檬奶油。碗内放入蛋黄，用打蛋器打散，放入细砂糖搅拌均匀，放入玉米淀粉搅拌均匀。

7 锅内倒入牛奶加热到接近沸腾，边将牛奶一点点倒入6内边搅拌均匀。用滤网过滤回锅内，边中火加热边不断搅拌，煮成有光泽、黏稠的状态。关火，放入柠檬汁。

8 将淡奶油打发到黏稠的状态（七分发），和放凉的7混合，搅拌均匀。倒入挞皮内，根据喜好撒上糖粉。也可以装饰上水果或者薄荷。放入冷藏室，放凉后就可以食用了。

用手制作挞皮时

1 碗内放入室温软化的黄油，用打蛋器搅拌成奶油状，放入细砂糖，搅拌到颜色发白。放入蛋黄搅拌均匀。

2 将过筛的低筋面粉、杏仁粉和盐全部放入，用橡皮刮刀搅拌到没有干面粉。之后的步骤参照左侧步骤3及以后。

用蜂蜜给冰红茶增添甜味后制成的奶茶就是亚麻奶茶。想要红茶味浓一些，就要减少蜂蜜的用量。先将蜂蜜溶在红茶里，再将其倒入装有大量冰块的杯子里，最后倒入冰凉的牛奶就做好了。

苹果挞

　　在酥脆的挞皮中装入带有水果的杏仁奶油酱烘烤，这就是秋冬时节我常做的甜点。我非常喜欢煮苹果或烤苹果，最常在挞中添加的水果就是苹果。推荐使用即使煮熟也不会软烂的苹果。如果苹果的酸味或者甜味不够，可以在切块后倒上柠檬汁或者轻轻裹上砂糖，和杏仁奶油混合，味道就更好了。

　　这里的做法是放入新鲜苹果烘烤，若添加用焦糖煮过的苹果制作这款挞也别有风味。焦糖苹果对我来说是秋冬的必备食物（笑）。除了制作甜点时使用，也可以拌入早餐的酸奶中，或者放入薄饼和华夫饼中。放上一些打发的淡奶油，就是一款简单的甜点。

材料（直径18cm的挞盘1个）

挞皮（使用一半的量）
低筋面粉	160g
杏仁粉	25g
黄油（无盐）	100g
细砂糖	50g
蛋黄	1个
盐	1小撮

杏仁奶油
杏仁粉	55g
黄油（无盐）	55g
细砂糖	55g
鸡蛋	1个
玉米淀粉	1大匙
苦杏酒（有的话）	1大匙
苹果	1个

手粉（可以用高筋面粉）、装饰用糖粉…… 各适量

提前准备

+ 黄油切成1.5cm小块，冷藏备用。
+ 将制作杏仁奶油用的黄油和鸡蛋室温静置回温。

🌀 做法

1 制作挞皮。食物料理机内放入低筋面粉、杏仁粉、细砂糖和盐，打开开关粗略搅拌粉类。

2 放入黄油，重复打开和关闭开关，将黄油和粉类混合，放入蛋黄。再重复打开和关闭开关，搅拌成没有干面粉的面团后取出。

3 将面团分成两等份，压平后放入保鲜袋中，冷藏静置1小时以上。这里使用1个面团即可，剩下的面团可以冷冻保存。

4 操作台上撒上手粉，放上取出的面团，用擀面杖擀成3mm厚的圆形挞皮，铺入模具中。挞皮底部用叉子叉出小洞，盖上保鲜膜，冷藏30分钟以上。烤箱预热到180℃。

5 制作杏仁奶油。碗内放入黄油，用打蛋器打发成奶油状，放入细砂糖搅拌均匀，一点点倒入打散的蛋液，搅拌均匀。放入杏仁粉和玉米淀粉搅拌，倒入苦杏酒，搅拌到顺滑。

6 将苹果削皮切成小块，放入5的碗内，用橡皮刮刀搅拌均匀。

7 将6的奶油倒入4的挞皮内，表面用汤匙背部抹平，放入180℃的烤箱内烘烤45～50分钟。放凉，脱模后撒上糖粉。

✋ 用手制作挞皮时

1 碗内放入室温软化的黄油，用打蛋器搅拌成奶油状，放入细砂糖，搅拌到颜色发白。放入蛋黄搅拌均匀。

2 将过筛的低筋面粉、杏仁粉和盐全部放入，用橡皮刮刀搅拌到没有干面粉。之后的步骤参照左侧步骤3及以后。

制作焦糖苹果的材料，以1个苹果对应1～2大匙砂糖为标准。在较深的平底锅内放入细砂糖，制作褐色的焦糖，然后放入切块的苹果，煮干水分。想要焦糖苹果味道更浓郁，煮的时候可以放入少量黄油。

洋梨挞

　　我经常买洋梨罐头放着备用，用它制作各种甜点。将洋梨和磅蛋糕面糊一起倒入耐热容器中烘烤，或者将洋梨切成小块裹在蛋糕卷里（洋梨搭配红茶味的海绵蛋糕特别好吃），还可以打成果泥制作冷甜点，用途很多。

　　但是，制作这款洋梨挞最好使用新鲜的洋梨。用吃起来有点硬的洋梨制作，即使烘烤过后依然会有爽脆的口感，十分美味。我会在烤好的挞上撒上一层糖粉装饰，也可以在烘烤前撒上糖粉，做出沙沙的口感，又是另一种味道啦。

材料（直径18cm的挞盘1个）

挞皮（使用一半的量）

低筋面粉	160g
杏仁粉	25g
黄油（无盐）	100g
细砂糖	50g
蛋黄	1个
盐	1小撮

杏仁奶油

杏仁粉	55g
黄油（无盐）	55g
细砂糖	55g
鸡蛋	1个
玉米淀粉	1大匙
苦杏酒（有的话）	1大匙
洋梨	1个
手粉（可以用高筋面粉）	适量

提前准备

+ 黄油切成1.5cm小块，冷藏备用。
+ 将制作杏仁奶油用的黄油和鸡蛋室温静置回温。

🌀 做法

1 制作挞皮。食物料理机内放入低筋面粉、杏仁粉、细砂糖和盐，打开开关粗略搅拌粉类。

2 放入黄油，重复打开和关闭开关，将黄油和粉类混合，放入蛋黄。再重复打开和关闭开关，搅拌成没有干面粉的面团后取出。

3 将面团分成两等份，压平后放入保鲜袋中，冷藏静置1小时以上。这里使用1个面团即可，剩下的面团冷冻保存。

4 操作台上撒上手粉，放上取出的面团，用擀面杖擀成3mm厚的圆形挞皮，铺入模具中。挞皮底部用叉子叉出小洞，盖上保鲜膜，冷藏30分钟以上。烤箱预热到180℃。

5 制作杏仁奶油。碗内放入黄油，用打蛋器打发成奶油状，放入细砂糖搅拌均匀，一点点倒入打散的蛋液，搅拌均匀。放入杏仁粉和玉米淀粉搅拌，倒入苦杏酒，搅拌到顺滑。

6 将洋梨削皮切成小块，放入5的碗内，用橡皮刮刀搅拌均匀。

7 将6的奶油倒入4的挞皮内，表面用汤匙背部抹平，放入180℃的烤箱内烘烤45～50分钟。散热，然后脱模放凉。

👋 用手制作挞皮时

1 碗内放入室温软化的黄油，用打蛋器搅拌成奶油状，放入细砂糖，搅拌到颜色发白。放入蛋黄搅拌均匀。

2 将过筛的低筋面粉、杏仁粉和盐全部放入，用橡皮刮刀搅拌到没有干面粉。之后的步骤参照左侧步骤3及以后。

洋梨的品种很多，最常见的就是法国梨。最好选择不能马上食用、略硬的洋梨制作这款甜点。用洋梨制作蜜饯也很好吃。将洋梨切块后摆在锅内，倒入刚好没过食材的水，放入砂糖和柠檬煮熟，放凉，洋梨蜜饯就做好了。

奶酪挞

挞皮的配方有很多种，在控制甜度的配方中，我最喜欢这款奶酪挞的挞皮。是不是有种酥松的派皮上盛着挞皮的感觉呢？加入酸奶让奶酪糊更加清爽，虽然适合搭配香甜的挞皮，但是在夏天，会更想吃这种清爽的奶酪挞。

这款挞一定要搭配某些果酱食用。即使只加1匙果酱也会有相当大的改变，感觉可以让美味增加2倍甚至3倍。这就是为什么我会在食谱配方中材料的最后加上一句"适量放入喜欢的果酱，搭配挞食用"（笑）。

材料（直径18cm的挞盘1个）

挞皮（使用一半的量）

低筋面粉	180g
黄油（无盐）	100g
细砂糖	1大匙
牛奶	1大匙
蛋黄	1个
盐	1小撮

奶酪糊

奶油奶酪	150g
原味酸奶	30g
黄油（无盐）	20g
细砂糖	50g
鸡蛋	1个
淡奶油	50mL
低筋面粉	1大匙
柠檬汁	1小匙
盐	1小撮

手粉（可以用高筋面粉） ⋯⋯⋯ 适量

提前准备

＋将制作挞皮用的黄油切成1.5cm小块，冷藏备用。
＋将制作奶酪糊用的奶油奶酪、黄油和鸡蛋室温静置
回温。

🌀 做法

1 制作挞皮。食物料理机内放入低筋面粉、细砂糖和
盐，打开开关粗略搅拌粉类。

2 放入黄油，重复打开和关闭开关，将黄油和粉类混
合，放入牛奶和蛋黄。再重复打开和关闭开关，搅拌
成没有干面粉的面团后取出。

3 将面团分成两等份，压平后放入保鲜袋中或者用保
鲜膜包裹，冷藏静置1小时以上。这里使用1个面团即
可，剩下的面团可以冷冻保存。

4 操作台上撒上手粉，放上取出的面团，用擀面杖擀成
2~3mm厚的挞皮，铺入模具中。挞皮底部用叉子叉
出小洞，盖上保鲜膜，冷藏30分钟以上。烤箱预热到
190℃。

5 挞皮铺上油纸，放上重石（老豆子或者派石），放
入190℃的烤箱内空烤约20分钟，烤出焦黄色。和模
具一起冷藏备用。

6 烤箱预热到170℃。制作奶酪糊。碗内放入奶油奶
酪、酸奶和黄油，用打蛋器打发到柔软，放入细砂糖
和盐搅拌均匀。依次放入打散的蛋液→淡奶油→柠檬
汁→低筋面粉，每次都搅拌均匀。

7 边用滤网过滤，边倒入**5**的挞皮内，放入170℃的烤
箱内烘烤约25分钟。散热，和模具一起冷藏放凉。静
置1天让味道融合，建议食用前一天烘烤。

🖐 用手制作挞皮时

1 碗内放入室温软化的黄油，用打蛋器搅拌成奶油
状，放入细砂糖，搅拌到颜色发白。放入牛奶和蛋黄
搅拌均匀。

2 将过筛的低筋面粉和盐全部放入，用橡皮刮刀搅拌
到没有干面粉。之后的步骤参照左侧步骤**3**及以后。

多余的奶油奶酪可以涂在面包上，
或者用来做意大利面酱汁。撒上
盐，淋上橄榄油，将葱切小段，和
木鱼花一起淋上酱油，是我家的固
定吃法。

我有好几种果酱，每款果酱的味道
都各有不同。或者将喜欢的水果切
成小块，放入适量砂糖做成新鲜的
果酱，味道也很好。就像是没有煮
过的果酱一样。

焦糖苹果挞

朋友都知道我非常喜欢焦糖苹果。用砂糖制作的焦糖和煮熟的苹果，两者我都非常喜欢，一旦它们结合在一起，就是无敌的组合。虽然这样写让我一瞬间觉得太夸张了，但是我就是如此喜欢，也没办法。在使用焦糖水果的甜点中，用焦糖苹果做的甜点出现的次数特别多，磅蛋糕、奶酪蛋糕、翻转蛋糕、玛芬、蛋糕卷等不胜枚举。

一般的做法是将切成小块的苹果混入杏仁奶油中烘烤，看起来是不是太朴素了？苹果和奶油混合后特别好吃，我觉得这种朴素的烤制甜点也特别可爱，有时，为了让放甜点的桌子看起来更豪华，也会制作很漂亮的甜点。

材料（直径18cm的挞盘1个）

挞皮（使用一半的量）

低筋面粉	180g
黄油（无盐）	100g
细砂糖	1大匙
牛奶	1大匙
蛋黄	1个
盐	1小撮

焦糖苹果

苹果	1个
细砂糖	1~2大匙
水	1小匙

杏仁奶油

杏仁粉	55g
黄油（无盐）	40g
细砂糖	55g
鸡蛋	1个
淡奶油	2大匙
玉米淀粉	1大匙

手粉（可以用高筋面粉）	适量
装饰用糖粉	适量

提前准备

+ 将制作挞皮用的黄油切成1.5cm小块，冷藏备用。
+ 将制作杏仁奶油用的黄油和鸡蛋室温静置回温。

◎ 做法

1 制作焦糖苹果。苹果削皮，去核后切小块。

2 在较深的平底锅内放入细砂糖和水，中火加热，不要晃动锅，加热溶化细砂糖。边缘开始上色后，晃动锅，让颜色更均匀，变成喜欢的茶褐色后放入苹果。煮干水分，静置放凉。

3 制作挞皮。食物料理机内放入低筋面粉、细砂糖和盐，打开开关粗略搅拌粉类。

4 放入黄油，重复打开和关闭开关，将黄油和粉类混合，放入牛奶和蛋黄。再重复打开和关闭开关，搅拌成没有干面粉的面团后取出。

5 将面团分成两等份，压平后放入保鲜袋中或者用保鲜膜包裹，冷藏静置1小时以上。这里使用1个面团即可，剩下的面团可以冷冻保存。

6 操作台上撒上手粉，放上取出的面团，用擀面杖擀成2~3mm厚的挞皮，铺入模具中。挞皮底部用叉子叉出小洞，盖上保鲜膜，冷藏30分钟以上。烤箱预热到180℃。

7 制作杏仁奶油。碗内放入黄油，用打蛋器打发成奶油状，放入细砂糖搅拌均匀，一点点放入打散的蛋液，搅拌均匀（如果出现分离，可以放入一半杏仁粉）。放入杏仁粉、玉米淀粉和淡奶油搅拌，放入2的焦糖苹果，粗略搅拌。

8 将杏仁奶油倒入6的挞皮内，放入180℃的烤箱内烘烤约45分钟。完全放凉后脱模，根据喜好撒上糖粉。

🖐 用手制作挞皮时

1 碗内放入室温软化的黄油，用打蛋器搅拌成奶油状，放入细砂糖，搅拌到颜色发白。放入牛奶和蛋黄搅拌均匀。

2 将过筛的低筋面粉和盐全部放入，用橡皮刮刀搅拌到没有干面粉。之后的步骤参照左侧步骤5及以后。

偶尔也会考虑美观，做出不一样的焦糖苹果挞。将带皮的苹果切成5mm厚的瓣状，用焦糖煮好，无须和奶油搅拌，烘烤时呈放射状摆在表面。制作这款挞的焦糖苹果时，要用两个苹果，用3~4大匙细砂糖。

无花果核桃挞

香甜的挞皮加上带无花果的杏仁奶油，摆上核桃装饰，撒上糖粉烘烤而成的便是这款甜点。用等量的杏仁粉、黄油、砂糖、鸡蛋制作基础的杏仁奶油。这时稍微增加杏仁粉的量，做出更豪华的感觉。搭配打发的无糖淡奶油，味道更好。

之前，有人曾问我："搭配甜点的淡奶油是不是每次都是现打发的？"这样做的话真的很麻烦，所以我会一次打发很多淡奶油，再分成小份冷冻备用，需要的时候自然解冻就可以了。

不过这里我要重新说明，我是支持现打发现食用的人。虽然的确有些麻烦，但为了能享用美食，费些功夫又有何妨（笑）。如果需要打发很多淡奶油，可以用手持打蛋器快速打发，如果只想打发1人份的淡奶油，可以使用"Aerolatte"。Aerolatte是制作卡布奇诺奶泡用的迷你搅拌棒。因为容易给发动机造成负担，所以不适合打发淡奶油，但我已经这样用了3~4年，应该也不要紧。

材料（直径18cm的挞盘1个）

挞皮（使用一半的量）

低筋面粉	180g
黄油（无盐）	80g
糖粉	40g
鸡蛋	1/2个
盐	1小撮

杏仁奶油

杏仁粉	65g
黄油（无盐）	50g
细砂糖	50g
鸡蛋	1个
玉米淀粉	1/2大匙
无花果干	100g
朗姆酒	1~2大匙
核桃	适量
手粉（可以用高筋面粉）	适量
烘烤前撒上的糖粉	适量

提前准备

＋将制作挞皮用的黄油切成1.5cm小块，冷藏备用。
＋将制作杏仁奶油用的黄油和鸡蛋室温静置回温。
＋无花果切成喜欢的大小，倒上朗姆酒。

做法

1 制作挞皮。食物料理机内放入低筋面粉、糖粉和盐，打开开关，粗略搅拌粉类约3秒。放入黄油，重复打开和关闭开关，将黄油和粉类混合，放入鸡蛋。再重复打开和关闭开关，搅拌成没有干面粉的面团后取出。

2 将面团分成两等份，压平后放入保鲜袋中或者用保鲜膜包裹，冷藏静置1小时以上。这里使用1个面团即可，剩下的面团可以冷冻保存。

3 操作台上撒上手粉，放上取出的面团，用擀面杖擀成2~3mm厚的圆形挞皮，铺入模具中。挞皮底部用叉子叉出小洞，盖上保鲜膜，冷藏30分钟以上。

4 烤箱预热到180℃。制作杏仁奶油。碗内放入软化的黄油，用打蛋器打发成奶油状，放入细砂糖搅拌均匀。依次放入杏仁粉→打散的蛋液（一点点倒入）→玉米淀粉，每次都搅拌均匀（也可以使用食物料理机，依次放入搅拌）。放入无花果，用橡皮刮刀搅拌均匀。

5 将4的杏仁奶油倒入3的挞皮内，表面用汤匙背部抹平。摆上核桃，撒上糖粉，放入180℃的烤箱内烘烤约45分钟。散热，然后脱模放凉。

用手制作挞皮时

1 碗内放入室温软化的黄油，用打蛋器搅拌成奶油状，放入细砂糖和盐，搅拌到颜色发白。

2 倒入蛋液搅拌均匀，将过筛的低筋面粉全部放入。用橡皮刮刀搅拌到没有干面粉。

3 将面团揉圆后冷藏。之后的步骤参照左侧步骤2及以后。

无花果切成小块味道就很好，直接放入整个无花果味道也很好。装饰在挞皮表面的核桃，可以和切碎的无花果一起拌入奶油中。

启动食物料理机，搅拌成这样的面团，挞皮面团就做好了。如果难以搅拌成团，可以提前拿出来放入保鲜袋，用手在袋子外面揉圆。

我的"Aerolatte"的主要工作是用来打发少量淡奶油，制作冰可可或者大麦嫩叶青汁时，也很好用。

红薯苹果挞

香甜的红薯内馅，放上新鲜的苹果，用方形模具烘烤而成。我非常喜欢长方形的挞盘，因为它比圆形模具棱角分明。将苹果切薄片，摆在表面味道非常好哦。

甜点模具多种多样，不可能收集齐全。将磅蛋糕模具、圆形模具、挞盘、玛芬模具、戚风蛋糕模具这些基础模具各准备一个，基本就能满足烘焙所有甜点的需求了。烤箱里的烤盘也是很有用处的模具之一。

话虽如此，但我觉得精巧的小模具也非常有魅力。如果想烘烤1个黄油蛋糕，既可以将面糊放入磅蛋糕模具或者圆形模具中简单烘烤，也可以放入大小不一的心形、咕咕霍夫或者花朵形模具中烘烤，任谁见了刚烤好的小蛋糕都会惊呼"哇，好可爱"，心情也会随之变好。对我来说，选模具、玩模具，是烘焙的乐趣所在，也因此买了很多模具。如果有宽敞的存放空间，比如大型收纳室，也就不难存放这些烘焙工具和模具了，但对于我这个紧凑的小家来说，就很困难了。我经常因收纳的场所和方法伤脑筋，也想了很多办法。

材料（25cm×10cm的活底挞盘1个）

挞皮（使用一半的量）

低筋面粉	180g
黄油（无盐）	80g
糖粉	40g
鸡蛋	1/2个
盐	1小撮

红薯内馅

红薯	1/2个（净重100g）
杏仁粉	20g
黄油（无盐）	30g
蔗糖（或者细砂糖）	30g
蛋黄	1个
淡奶油	50mL
朗姆酒	1/2大匙
苹果	约1/2个
手粉（可以用高筋面粉）	适量

提前准备

+ 将制作挞皮用的黄油切成1.5cm小块，冷藏备用。
+ 将制作内馅用的黄油室温静置回温。

做法

1 制作挞皮。食物料理机内放入低筋面粉、糖粉和盐，打开开关，粗略搅拌粉类约3秒钟。放入黄油，重复打开和关闭开关，将黄油和粉类混合，倒入蛋液。再重复打开和关闭开关，搅拌成没有干面粉的面团后取出。

2 将面团分成两等份，压平后放入保鲜袋中或者用保鲜膜包裹，冷藏静置1小时以上。这里使用1个面团即可，剩下的面团可以冷冻保存。

3 操作台上撒上手粉，放上取出的面团，用擀面杖擀成2~3mm厚的长方形挞皮，铺入模具中。挞皮底部用叉子叉出小洞，盖上保鲜膜，冷藏30分钟以上。

4 烤箱预热到180℃。制作红薯内馅。将红薯削皮切成适当大小，用水浸泡，用微波炉或者蒸锅加热，加热到能用竹扦插透就可以了。趁热放入碗内，用叉子压碎，放入黄油和蔗糖，用橡皮刮刀搅拌均匀。依次放入蛋黄→淡奶油→杏仁粉→朗姆酒，每次都搅拌到顺滑（也可以使用食物料理机，依次放入搅拌）。

5 将4的内馅倒入3的挞皮内，表面用汤匙背部抹平。将苹果削皮切成适当大小，摆在上面，放入180℃的烤箱内烘烤约45分钟。散热，然后脱模放凉。

用手制作挞皮时

1 碗内放入室温软化的黄油，用打蛋器搅拌成奶油状，放入糖粉和盐，搅拌到颜色发白。

2 倒入蛋液搅拌均匀。将过筛的低筋面粉全部放入，用橡皮刮刀搅拌到没有干面粉。

3 将面团揉圆后冷藏。之后的步骤参照左侧步骤2及以后。

将挞皮铺入模具内，用叉子或者竹扦在挞皮的表面叉出排气的小洞，这样就能保证烘烤后的挞皮底面依然平整。

如果有食物料理机，将材料全部放入搅拌均匀，红薯内馅就做好了。也可以用来制作杏仁奶油，做好的成品不会分离，也更顺滑。

可爱的小模具多种多样。虽然这些模具不会经常用到，但是做一些可爱的甜点也很好玩，多余的面糊可以倒入这些模具中烘烤。

黑樱桃蛋奶派

　　将质地硬实、类似布丁的蛋奶酱，倒入派皮中烘烤而成。今天试着放入了黑樱桃，还在蛋奶酱中倒入了酸奶油。烘烤上色的同时，派也会膨胀起来，但是从烤箱取出后又会受凉缩小，所以不用担心大胆烘烤吧。右页中甜点下面摆放的是糖果罐。将那些或可爱或雅致的甜点罐留起来备用，是非常常见的事。我都舍不得扔掉这些可爱的罐子，想着也许会用到就收起来了，不知不觉就堆得像山一样高了。既开心又困扰，心情非常复杂。为罐子找到合适的用途，让其融入日常生活中，不也是一件好事嘛。

　　扫视我的房间，便会看见不少罐子。千鸟屋"Tirolean"的怀旧罐、花月的花林糖罐、FAUCHON的红茶罐、HEDIARD的果酱瓶、搭配司康的双重德文郡奶油瓶。这些罐子里存放着各种制作甜点用的小工具以及文具。啊，Tirolean的盒子里，为什么会有史努比的瓶盖呢！（笑）

材料（直径18cm的挞盘1个）

派皮
低筋面粉	60g
高筋面粉	35g
黄油（无盐）	75g
细砂糖	1小匙
凉水	2大匙
盐	1小撮

蛋奶酱
酸奶油	30g
细砂糖	30g
鸡蛋	1个
牛奶	50mL
淡奶油	2大匙

黑樱桃（罐头）	约20颗
撒粉（可以用高筋面粉）	适量
烘烤前刷的蛋液	适量

提前准备

+ 黄油切成1.5cm小块，冷藏备用。
+ 酸奶油和鸡蛋室温静置回温。
+ 黑樱桃放在厨房纸上，擦干水分。

做法

1 制作派皮。食物料理机内放入低筋面粉、高筋面粉、细砂糖和盐，打开开关，粗略搅拌粉类约3秒钟。放入黄油，重复打开和关闭开关，将黄油和粉类混合，倒入凉水。再重复打开和关闭开关，搅拌成没有干面粉的面团后取出。

2 将面团压平后放入保鲜袋中或者用保鲜膜包裹，冷藏静置1小时以上。

3 操作台上撒上手粉，放上取出的面团，用擀面杖擀成2~3mm厚的圆形派皮，铺入模具中。派皮底部用叉子叉出小洞，盖上保鲜膜，冷藏30分钟以上。

4 烤箱预热到190℃。派皮上铺上锡纸，放上重石（老豆子或者派石），放入190℃的烤箱内烘烤约20分钟，烤至略微上色。底面用刷子薄薄刷上一层蛋液，再放入190℃的烤箱内烘烤1~2分钟，烤干后连同模具一起放凉。

5 烤箱预热到160℃。制作蛋奶酱。碗内放入酸奶油，用打蛋器打发成奶油状，依次放入细砂糖、蛋液（一点点倒入），搅拌均匀。小锅内倒入牛奶和淡奶油，加热到接近沸腾，一点点倒入搅拌均匀。

6 将黑樱桃摆在4的派皮上，慢慢倒入5的蛋奶酱，放入160℃的烤箱内烘烤约25分钟，散热后脱模，冷藏放凉。

用手制作派皮时

1 低筋面粉、高筋面粉、细砂糖和盐过筛放入碗内，放入切成1.5cm小块、冷藏放凉的黄油。用刮刀将黄油切拌进粉类中，做成蓬松的状态。

2 倒入凉水搅拌均匀（注意不要过度搅拌），大致揉成团后冷藏备用。之后的步骤参照左侧步骤2及以后。

我非常喜欢S&W的"甜黑樱桃"罐头。甜度和味道都恰到好处。除了用来烘烤甜点外，还可以用于制作淡奶油蛋糕，或者黑樱桃酱。

这些曾经用来装美食的漂亮瓶子和罐子，我都舍不得扔掉，慢慢就攒了很多。我一定要成为一个果断的人，一定要遵守"以后再也不存盒子"这条原则。

抹茶奶油派

　　我常找借口说"一会儿还要用到"，就把东西全部摆在外面不管。突然发现时，周围已经一片狼藉，这样的状况已然是家常便饭了（这条可以列入我想改掉的缺点前三名中了）。如果平时多加整理收纳，即使突然有客人造访，也不会觉得慌张，虽然明白这个道理，但总是隐约听见轻松熊在我耳边低语"明天能做的事情还是放到明天做吧"。哎，怎么可以这样呢。我怎么可以把责任推到轻松熊身上呢。

　　不要拖延、勤于收拾、整理整顿。虽然还有其他目标（讲气势的话，我是不会输的），但最重要的就是生活中要把以上三件事情放在心上，这也是某个新年我许下的誓言。

　　这款抹茶奶油派是打算作为年夜饭的饭后甜点创作而成的。虽然用了10cm的小圆模具，但一个人吃还是有点多。最好分给2~3个人享用。用小巧的挞盘烘烤，连切分的时间都省去了，非常适合用来招待客人。当然我是不会说，将派皮铺入这么多小挞盘里是多么费时间（笑）。

材料（直径10cm的挞盘4个）

派皮
低筋面粉	60g
高筋面粉	35g
黄油（无盐）	75g
细砂糖	1小匙
凉水	2大匙
盐	1小撮

抹茶奶油
蛋黄	1个
牛奶	150mL
细砂糖	40g
黄油（无盐）	20g
玉米淀粉	1大匙
抹茶	1/2大匙
淡奶油	100mL
手粉（可以用高筋面粉）	适量
装饰用的甜纳豆、糖粉	各适量

提前准备

+将制作派皮用的黄油切成1.5cm小块，冷藏备用。
+将制作抹茶奶油用的黄油室温静置回温。

⟳ 做法

1 制作派皮。食物料理机内放入低筋面粉、高筋面粉、细砂糖和盐，打开开关，粗略搅拌粉类约3秒钟。放入黄油，重复打开和关闭开关，将黄油和粉类混合，倒入凉水。再重复打开和关闭开关，搅拌成没有干面粉的面团后取出。

2 将面团压平，放入保鲜袋中或者用保鲜膜包裹，冷藏静置1小时以上。

3 操作台上撒上手粉，放上取出的面团，分成4等份，分别用擀面杖擀成2~3mm厚的圆形派皮，铺入模具中。派皮底部用叉子叉出小洞，盖上保鲜膜，冷藏30分钟以上。

4 烤箱预热到190℃。每个派皮上铺上锡纸，放上重石（老豆子或者派石），放入190℃的烤箱内烘烤约20分钟，烤至略微上色。散热，然后脱模放凉。

5 制作抹茶奶油。耐热碗内放入细砂糖、玉米淀粉和抹茶，用打蛋器搅拌均匀，倒入牛奶搅拌溶解，无须盖保鲜膜，放入微波炉加热2分钟~2分30秒。略微沸腾后取出，用打蛋器快速搅拌，放入蛋黄搅拌均匀。再放入微波炉加热1分钟~1分30秒，略微沸腾后取出，快速搅拌到没有疙瘩。放入黄油，用余热化开黄油，碗底放入冰水中，边搅拌边完全放凉。

6 将淡奶油打发到有柔软的小角立起的状态（八分发），倒入**5**的碗内，用橡皮刮刀搅拌均匀。

7 将**6**的奶油倒入**4**的派皮内，根据喜好撒上甜纳豆，撒上糖粉。

✋ 用手制作派皮时

1 低筋面粉、高筋面粉、细砂糖和盐过筛放入碗内，放入切成1.5cm小块、冷藏放凉的黄油。用刮刀将黄油切拌入粉类中，做成蓬松的状态。

2 倒入凉水搅拌均匀（注意不要过度搅拌），大致揉成团后冷藏备用。之后的步骤参照左侧步骤**2**及以后。

卡仕达酱和淡奶油均匀混合，做成抹茶味道的奶油酱。放入卡仕达酱中的抹茶分量，在色泽优先的情况下，按照食谱的用量添加。想要凸出抹茶味道时，可以略微多放一些。

栗子酥粒挞

听到音乐响起的瞬间、美食入口的瞬间，心里仿佛流入了一股暖流，感动的同时也留下了美好的回忆，音乐和美食就是如此相像吧。那时听过的曲子，治愈了疲惫的心灵；一片巧克力，让人会心一笑。或许每个人的回忆中都沉睡着这样的小插曲吧。甜点就是这样能温暖人心的东西。这也是我从过去到现在未曾改变的烘焙主题。

几年前有段时间，我的精力和体力都有些吃不消。连5分钟、10分钟都会珍惜的我去看了现场演唱会。他们的歌声让人心驰神往，他们的表演让人情绪高昂，谢幕的时候我感觉自己被释放了，整个人都轻松愉快起来。收拾急躁的心情，畅快呼吸新鲜的空气。当时才真正意识到转换心情的重要性，真是一个非常美妙的夜晚。

所以，做了这个转换心情的挞，这是一款利用酥粒做成的类似挞的甜点。听着喜欢的曲子，度过轻松的下午茶时间吧。

材料（直径15cm的活底圆形模具1个）

酥粒
低筋面粉 ……………………………………	50g
黄油（无盐）………………………………	40g
细砂糖 ………………………………………	35g
核桃 …………………………………………	40g
盐 ……………………………………………	1小撮

杏仁奶油
杏仁粉 ………………………………………	60g
黄油（无盐）………………………………	40g
细砂糖 ………………………………………	35g
鸡蛋 …………………………………………	1个
淡奶油 ………………………………………	2大匙
玉米淀粉 ……………………………………	1大匙
朗姆酒 ………………………………………	1/2大匙

蒸栗子或者甜煮栗子（市售）…………100g

提前准备

+ 将制作酥粒用的黄油切成1cm小块，冷藏备用。
+ 将制作杏仁奶油用的黄油和鸡蛋室温静置回温。
+ 核桃最好放入150℃的烤箱内烘烤约6分钟，放凉备用。
+ 栗子切成喜欢的大小，放在厨房纸上，擦干水分。
+ 烤箱预热到180℃。

做法

1 制作酥粒。食物料理机内放入低筋面粉、细砂糖、核桃和盐，打开开关将核桃搅碎。放入黄油，重复打开和关闭开关，搅拌成蓬松的酥粒。取出一半，放入保鲜袋中冷藏备用。

2 将剩余的酥粒倒入模具底部，用汤匙背部抹平，放入180℃的烤箱内烘烤约15分钟，烤至略微上色。连同模具一起放凉。

3 制作杏仁奶油。碗内放入软化的黄油，用打蛋器搅拌成奶油状，放入细砂糖搅拌均匀。依次放入杏仁粉→打散的蛋液（一点点放入）→淡奶油→玉米淀粉→朗姆酒，每次都搅拌均匀（也可以依次放入食物料理机中搅拌）。放入栗子，用橡皮刮刀搅拌均匀。烤箱预热到180℃。

4 将3的杏仁奶油倒入2的模具中，表面用汤匙背部抹平。撒上冷藏备用的酥粒，放入180℃的烘箱内烘烤25～30分钟。散热，然后脱模放凉。

✋ 用手制作酥粒时

1 碗内放入低筋面粉、细砂糖、切碎的核桃和盐，用打蛋器搅拌均匀。放入切成1cm小块、冷藏放凉的黄油，用手指将黄油和粉类混合，做成蓬松的酥粒。

2 之后的步骤参照左侧步骤2及以后。

用手制作酥粒时，会因黄油和核桃的油分发生粘连，所以要将所有材料提前放入冰箱冷藏，然后快速操作。如果中途又出现粘连的情况，可以再放入冰箱冷却至方便操作的状态。

将酥粒倒入模具中，用汤匙背部或者手指按压，让表面平整。

这里使用的是名为"Castagniers"的蒸栗子（图片后方）。用甜煮栗子味道也很好，也可以选择更容易买到或者自己喜欢的。

软糯南瓜派

　　首先制作派皮，稍微静置一会儿，放入模具中烘烤，然后制作内馅，倒入模具中烘烤。虽然挞和派的操作步骤较多，也比较费时间，但只要做好了挞皮或者派皮，之后的操作就非常简单了。所以，做一个挞皮或者派皮时可以多分几份，多余的冷冻备用即可。实际操作起来并不难，尤其是使用食物料理机会更加容易。即便如此，要是觉得将挞皮或派皮擀平很麻烦，这时就可以使用冷冻的挞皮或派皮了。我做的派皮，不是将薄薄几层派皮叠加起来的精巧"折叠派皮"，而是简单粗放的"揉搓派皮"。不仅做法简单，还能享受到派皮的口感，在家做这种派皮就足够了。

　　松软、绵润、轻盈的南瓜派，和南瓜黄油蛋糕、南瓜布丁一样，都是我经常做的甜点。因蛋白霜而膨胀起来的内馅部分，直接吃就非常美味，可以只做内馅，然后放入小烤碗里烘烤，做成可爱的南瓜舒芙蕾风甜点。剩余的派皮或挞皮可以冷冻，也可以擀薄放入烤箱烘烤，切碎做成装饰。

材料（直径21cm的挞盘1个）

派皮

低筋面粉	120g
黄油（无盐）	100g
凉水	50mL
盐	1小撮略多

内馅

南瓜	约1/8个（净重100g）
细砂糖	20g
黄油（无盐）	15g
牛奶	25mL
蛋黄	1个
蛋白	1个
玉米淀粉	1小匙
朗姆酒	1小匙
手粉（可以用高筋面粉）	适量
装饰用糖粉、肉桂粉	各适量

提前准备

+ 将制作派皮用的黄油切成1.5cm小块，冷藏备用。
+ 将制作内馅用的黄油室温静置回温。

◎ 做法

1 制作派皮。食物料理机内放入低筋面粉和盐，打开开关，粗略搅拌粉类。

2 放入黄油，重复打开和关闭开关，将黄油和粉类混合，倒入凉水。再重复打开和关闭开关，搅拌成没有干面粉的面团后取出。压平后放保鲜袋或者用保鲜膜包裹，冷藏静置1小时以上。

3 操作台上撒上手粉，放上取出的面团，用擀面杖擀成3mm厚的圆形派皮，铺入模具中。派皮底部用叉子叉出小洞，盖上保鲜膜，冷藏30分钟以上。

4 烤箱预热到190℃。派皮上铺上锡纸，放上重石（老豆子或者派石），放入190℃的烤箱内烘烤约25分钟，烤至略微上色。连同模具一起放凉。

5 制作内馅。南瓜切成适当大小，用微波炉加热，竹扦能够穿透南瓜就可以了。剥皮后取100g放入碗内，用搅拌器搅碎，趁热依次放入黄油、牛奶、蛋黄、玉米淀粉和朗姆酒，每次都搅拌均匀（也可以依次放入食物料理机搅拌）。

6 另取一碗放入蛋白，边一点点放入细砂糖边打发，打发成有光泽、质地硬实的蛋白霜。取一些蛋白霜放入5的碗内，用打蛋器搅拌均匀，倒回蛋白霜碗内，用橡皮刮刀大幅度搅拌均匀。

7 烤箱预热到170℃。将6的内馅倒入派皮内，放入170℃的烤箱内烘烤约25分钟。待内馅慢慢膨胀，烤出漂亮的颜色就可以了。散热，然后脱模放凉，根据喜好撒上糖粉和肉桂粉。

✋ 用手制作派皮时

1 碗内放入过筛的低筋面粉和盐，放入切成1.5cm小块、冷藏备用的黄油。用刮板将黄油拌入粉类中，搅拌成蓬松的状态。

2 倒入凉水搅拌均匀（注意不要过度搅拌），略微成团后冷藏备用。之后的步骤参照左侧步骤3及以后。

将内馅倒入烤碗内，放入160℃的烤箱内烘烤15～20分钟。这是普通的烘烤方法，隔水蒸烤的话，会让成品的口感更绵润、更轻盈。

洋梨焦糖黄油挞

焦糖味道的洋梨和使用焦化黄油做成的浓郁内馅。这款挞适合搭配香浓的牛奶咖啡、焙茶，搭配红茶的话，我喜欢用味道独特的醇香阿萨姆红茶泡的奶茶。

家中常备一些水果罐头，这样就可以不分季节随时用水果做甜点了，可见水果罐头非常重要。在各种水果罐头中，洋梨和杏罐头一直是我家的必备品。要是论使用率的话，还是洋梨更胜一筹。可以放入黄油蛋糕中烘烤，或者卷在蛋糕卷中，或者搅成果泥做慕斯。洋梨的味道上乘柔和，用途也非常广。

虽然我经常使用洋梨罐头，但是在洋梨上市的时候，我还是会去买略硬的新鲜洋梨，用糖浆煮好，做成甜点。新鲜洋梨要比洋梨罐头鲜嫩多汁，让我不禁感叹果然还是手作的品质更好。是该品尝季节的味道亲手制作美味，还是不分季节用简便的方法制作美味，这要根据心力和时间而定，或者自己动手做，或者用现成的材料做。在家做甜点，无须固守准则，享受轻松烘焙的乐趣才是最重要的。

材料（直径18cm的挞盘1个）

挞皮（使用一半的量）

低筋面粉	180g
黄油（无盐）	100g
细砂糖	1大匙
牛奶	1大匙
蛋黄	1个
盐	1小撮

焦糖煮洋梨

洋梨（罐头）	4个一半的梨
细砂糖	2大匙
水	1小匙

内馅

杏仁粉	25g
黄油（无盐）	25g
细砂糖	30g
鸡蛋	1个
牛奶	2大匙
香草油	少量
手粉（可以用高筋面粉）	适量

提前准备

+ 将制作挞皮用的黄油切成1.5cm小块，冷藏备用。
+ 将制作内馅用的鸡蛋室温静置回温。
+ 杏仁粉过筛。

做法

1 制作焦糖煮洋梨。平底锅或者蒸锅内放入细砂糖和水，中火加热，不要晃动锅，加热化开细砂糖。等糖浆变成茶色后晃动锅，让颜色变得均匀，变成喜欢的茶褐色后，放入切成块的洋梨。煮干水分，放凉。

2 制作挞皮。食物料理机内放入低筋面粉、细砂糖和盐，打开开关，粗略搅拌粉类。

3 放入黄油，重复打开和关闭开关，将黄油和粉类混合，放入牛奶和蛋黄。再重复打开和关闭开关，搅拌成团后取出。将面团分成两等份，压平后放入保鲜袋或者用保鲜膜包裹，冷藏静置1小时以上。这里使用1个面团即可，剩下的面团可以冷冻保存。

4 操作台上撒上手粉，放上取出的面团，用擀面杖擀成3mm厚的圆形挞皮，铺入模具中。挞皮底部用叉子叉出小洞，盖上保鲜膜，冷藏30分钟以上。

5 烤箱预热到180℃。挞皮铺上锡纸，放上重石（老豆子或者派石），放入180℃的烤箱内烘烤约30分钟，烤至上色。连同模具放凉备用。

6 制作内馅。小锅内放入黄油，中火加热，边晃动锅边让黄油化开，加热至黄油变成茶褐色，散热。

7 碗内放入鸡蛋打散，放入细砂糖用打蛋器搅拌，放入6的黄油搅拌均匀。依次放入杏仁粉、牛奶、香草油，搅拌到顺滑。

8 烤箱预热到170℃。将1的洋梨铺在挞皮上，倒入7的内馅，放入170℃的烤箱内烘烤约30分钟。散热，然后脱模放凉。

👋 用手制作挞皮时

1 碗内放入室温软化的黄油，用打蛋器搅拌成奶油状，放入细砂糖，搅拌到颜色发白。放入牛奶和蛋黄搅拌均匀。

2 将过筛的低筋面粉和盐全部放入，用橡皮刮刀搅拌到没有干面粉。将面团揉圆后，冷藏备用。之后的步骤参照左侧步骤4及以后。

砂糖煮成均匀的茶褐色就变成焦糖了，放入切成块的洋梨，快速煮干水分。

用面包做甜点

以面包为基础做甜点，不仅做法简单，而且非常美味。
可以使用剩余的面包，也可以为了做甜点特意买面包回来。
几乎不用食谱。不用称重，如此轻松便能做好的甜点真让人开心。

+面包干（枫糖黄油）

将法棍面包切薄片，将黄油、枫糖浆、天然盐混合，抹在面包上，放入150℃的烤箱内烘烤15~20分钟，甜面包干就做好了。之前有位朋友送给我面包干，当时觉得特别好吃，所以自己也开始做面包干了。

+萨瓦兰蛋糕

将布里欧修面包浸满糖浆，冷藏放凉后就是萨瓦兰蛋糕了。我喜欢将利口酒倒入香浓的红茶液中，制作萨瓦兰蛋糕的糖浆。装饰上淡奶油便可食用啦。

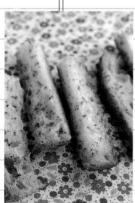

+面包干（大蒜黄油）

将法棍面包切成细长的条状，将黄油、蒜末和天然盐混合，抹在面包上，撒上黑胡椒和欧芹烘烤。棒状的面包干吃起来方便、口感酥脆，配汤食用味道更好哦。

+烤面包片

原型是布里欧修面包。先将水和细砂糖加热沸腾，做成糖浆，再将面包切片后浸入糖浆中，涂抹一层挞中做好的杏仁奶油，撒上杏仁片，放入烤箱烘烤。糖浆中若放入朗姆酒提香，便是味道略成熟的烤面包片。

+烤三明治

面包+白酱汁+火腿+奶酪组合在一起，就是好吃的烤三明治。今天做的是用1把叉子就能方便享用的烤三明治，将面包和火腿切成1口大小，叠放在耐热容器中，放入烤箱烤到焦黄。

+法式吐司

我并不是特别喜欢甜甜的法式吐司。我习惯做不太甜的吐司佐餐食用。在蛋液内放入牛奶、盐、胡椒和蛋黄酱，搅拌均匀，浸入切块的面包，用平底锅煎好即可。

part 4

发酵甜点

使用酵母制作面包或者甜点看起来比较困难，是因为发酵时间太长使得许多人望而却步吧。我之前也是这样认为的，但只要开始制作就会发现并非如此，因为使用了方便的干酵母，现在对我来说，烤面包已成为习以为常的厨房工作了。使用酵母发酵制成的甜点，有着和使用泡打粉制成的甜点完全不同的味道，想了解更多，想多做一些，可以不断尝试多种制作方法。

华夫饼

　　在街边吃到的Manneken华夫饼和在咖啡馆吃到的美式华夫饼，都好吃到令人感动。于是萌生了"要是能在家里吃到华夫饼，该多么幸福啊"的想法，所以就开始了我和华夫饼的故事。

　　烤华夫饼必不可少"华夫饼机"。真的会一直使用吗？是不是马上就会厌倦？犹豫许久还是买了，这才发现之前的担心都是多余的。刚买华夫饼机时，就办了一场"享用刚出炉的华夫饼聚会"，招待朋友一起烤美式华夫饼，而自己想吃的时候就会烤列日华夫饼，再放到防水食品袋中，硬塞给别人吃（笑）。

　　虽然现在不像以前那么痴迷华夫饼了，但是对它的热情一直不减，现在更专注于寻找美味的华夫饼。所以，华夫饼的配方之后会越来越好吧。

材料（能做直径8cm的华夫饼8个）

高筋面粉	80g
低筋面粉	60g
黄油（无盐）	50g
红糖（或者细砂糖）	25g
鸡蛋	1个
牛奶	2大匙
淡奶油（或者牛奶）	1大匙
干酵母	1/2大匙
盐	1/4小匙
中双糖或者粗砂糖（有的话）	30g

提前准备

✚ 黄油和鸡蛋室温静置回温。

🌀 做法

1 小耐热容器内放入牛奶和淡奶油，搅拌均匀，放入微波炉加热至大约人体体温。

2 高筋面粉、低筋面粉、红糖和盐均匀混合，过筛放入碗内，放入干酵母、1、打散的蛋液，用刮板或者橡皮刮刀搅拌到没有干面粉。用手揉搓（放在操作台上操作更方便），揉成黏稠的团，一点点放入软化的黄油继续揉，揉到质地顺滑。放入中双糖，揉匀成团。

3 将面团放入碗内，盖上保鲜膜，放在有日光的窗边或其他温暖的地方，进行第一次发酵（大约膨胀到原来的2倍大就可以了）。

4 将面团分成8等份，各自揉圆。放在方盘或者烤盘上，盖上浸湿拧干的薄毛巾，再放回温暖的地方，进行第二次发酵（膨胀到原来的1.5～2倍就可以了）。

5 加热华夫饼机，薄薄刷上化开的黄油或者色拉油（分量以外），放上面团，烤至金黄。

✱ 油分较多时，面团容易发黏，可以将面团放入食物料理机或者面包机中揉成团。

✱ 使用烤箱的发酵功能发酵时，第一次发酵用时60～90分钟，第二次发酵用时30～40分钟。

华夫饼机在使用前需要提前预热。

我使用的是Vitantonio的华夫饼机。除了配有华夫饼烤板之外，还带有热三明治烤板，不单能做华夫饼，别的用处也很多。

将材料中的60g低筋面粉替换成40g低筋面粉+20g可可粉，就能做出巧克力华夫饼啦。

甜甜圈

　　小时候，母亲每天忙于各种家务，养育孩子、帮忙父亲的生意、照顾奶奶。房子四周和庭院里种的漂亮花草，也因为母亲的精心养护生长茂盛。虽然母亲总是忙忙碌碌，但有时也会给我们这些小孩子做甜点，甜甜圈就是其中之一。

　　甜甜圈炸好后裹上砂糖，大家都争着抢着大口大口地吃。那时候只是单纯觉得甜甜圈特别好吃，长大后我也开始操持家务，也有了1个孩子，才终于对母亲的辛劳和伟大感同身受。母亲从儿时开始就非常苦命。在我未满20岁时，奶奶和父亲先后逝世，母亲一个人将我们3个孩子抚养长大。

　　我呢，爱逞强又意气用事，几乎没有当面向母亲表达我的感谢之情。很想对母亲说一句"很抱歉，我如此任性"。还有"母亲，谢谢您。因为您的照拂，才有了现在的我"。

材料（能做直径8cm的甜甜圈6～8个）

高筋面粉·····················150g
低筋面粉·····················30g
黄油（无盐）·················15g
鸡蛋·······················1个
牛奶·······················70mL
蔗糖（或者细砂糖）···········1大匙
脱脂牛奶·····················1大匙
干酵母·····················1/2小匙略多
盐·························1/4小匙
手粉（可以用高筋面粉）、炸制用油··········各适量
撒在周围的甜甜圈糖、糖粉等···········适量

提前准备

+ 黄油和鸡蛋室温静置回温。

做法

1 小耐热容器内放入牛奶，搅拌均匀，放入微波炉加热到大约人体体温。

2 高筋面粉、低筋面粉、蔗糖、脱脂牛奶和盐均匀混合，过筛放入碗内，放入干酵母、1、打散的蛋液和软化的黄油，用刮板或者橡皮刮刀搅拌到没有干面粉。用手揉搓，揉到顺滑成团。

3 将面团放入碗内，盖上保鲜膜，放在有日光的窗边或其他温暖的地方，进行第一次发酵（大约膨胀到原来的2倍大就可以了）。

4 操作台上撒上手粉，放上取出的面团，用擀面杖擀成1.5cm厚，用直径6.5cm的甜甜圈模压制成型。摆在铺了油纸的方盘或者烤盘上，盖上浸水后拧干的薄毛巾，再放在温暖的地方，进行第二次发酵（膨胀到原来的1.5～2倍就可以了）。

5 中温（170℃）加热炸制用油，放入面圈，不时翻面，将两面炸至金黄色。放在带网的方盘上，沥干油分，散热后撒上糖粉。

❀ 使用烤箱的发酵功能发酵时，第一次发酵用时1小时，第二次发酵用时30～40分钟。

包装非常可爱的燕子牌即发干酵母。开封之后要完全密封，并放入冷藏室保存。

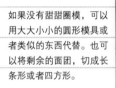

虽然使用烤箱的发酵功能发酵更方便，但我更喜欢在房间里等待面团慢慢发酵。发酵时间也会因季节不同，而有所不同。

如果没有甜甜圈模，可以用大大小小的圆形模具或者类似的东西代替。也可以将剩余的面团，切成长条形或者四方形。

要想做成长条形，可在做法4将面团擀薄后，用刀切成喜欢的长度和宽度，进行第二次发酵。

司康面包

　　把制作面包面团的材料放入食物料理机，用普通的搅拌棒搅拌均匀！熟知面包制作理论的人看了这个做法会发火吧，不过我却忍不住向大家介绍这种做法。

　　一定会有人注意到这个做法与我的食谱中司康的做法极为相似。起初，我只是简单地想尝试一下，如果把制作司康时使用的泡打粉换成干酵母会怎么样呢？几乎没有经过揉捏，只是普通发酵的话，也做不出好吃的面团吧。但是，将面团放入冰箱长时间冷藏静置，慢慢地让面团发酵。想做好面团，就需要足够的时间。可以前一天和好面团，放入冷藏室静置一晚。第二天早晨，从冷藏室取出，直接用模具压制成型，经过第二次发酵，放入烤箱烘烤。

　　这样做出来的面包比揉捏做出来的口感更好。如果觉得用模具压制会浪费一些面团，可以改用刀子将面团切成方形。不过，我觉得面团膨胀后圆滚滚的样子比较可爱。

材料（能做直径7cm的面包约7个）

高筋面粉··························	180g
黄油（无盐）··················	50g
鸡蛋····························	1个
┌ 牛奶·························	70mL
└ 干酵母·····················	1/2小匙略多
蔗糖（或者细砂糖）··········	2大匙
脱脂牛奶······················	2大匙
盐····························	1/4小匙
手粉（可以用高筋面粉）······	适量

提前准备

+ 鸡蛋室温静置回温。

+ 黄油切成1.5cm小块，冷藏备用。

◎ 做法

1 小耐热容器内放入干酵母，一点点倒入加热到大约人体体温的牛奶，搅拌溶化。

2 食物料理机内放入高筋面粉、蔗糖、脱脂牛奶和盐，打开开关，粗略搅拌约3秒。放入黄油，重复打开和关闭开关，搅拌成蓬松的状态，放入和打散的蛋液，轻轻搅拌成团。

3 操作台上撒上手粉，放上取出的面团，边折叠边揉成团。放入保鲜袋，压成约3cm的厚度，紧紧包好，放入冰箱冷藏静置1晚。

4 操作台上撒上手粉，放上取出的面团，将面团折叠2~3次，用擀面杖擀成1.5~2cm厚的面饼，用直径6cm的圆形模具压制成型。烤盘铺上油纸，有间隔地摆上小面饼，盖上浸水后拧干的薄毛巾，放在有日光的窗边或其他温暖的地方发酵（将冷却的面团室温静置回温，膨胀到原来的1.5~2倍就可以了）。使用烤箱的发酵功能发酵时，以45~60分钟为宜。

5 烤箱预热到180℃。拿下烤盘上的毛巾，放入180℃的烤箱内烘烤约12分钟。

✋ 用手制作时

1 小耐热容器内放入干酵母，一点点倒入加热到大约人体体温的牛奶，搅拌溶化。

2 将高筋面粉、蔗糖、脱脂牛奶和盐均匀混合，过筛放入碗内，放入切成1.5cm块状、冷藏放凉的黄油，用刮板将黄油切拌入粉类中。用手指揉搓成蓬松的状态，放入和打散的蛋液，搅拌成团。

3 之后的步骤参照上面步骤3及以后。

将面团放入保鲜袋中，紧紧包裹后放入冰箱冷藏。发酵时间大约是8~12小时。虽然发酵程度会略有差别，但只要放轻松慢慢做，不过分苛求就没问题了。

盖上浸水后拧干的毛巾，或者放入保鲜袋包好，均可以避免面团干燥，第二次发酵后的面团会更加柔软。

这款司康面包可以涂抹果酱食用，我则喜欢撒上波尔斯因奶酪。

混合水果布里欧修蛋糕

在揉入大量黄油的面团中，放入闪亮的水果干，做成类似水果蛋糕的面包甜点。使用大量蛋黄制作出质地柔软的甜点，这就是布里欧修（Brioche）的风格。也可以用咕咕霍夫模具烘烤。既能享受水果蛋糕的乐趣，口感又比黄油蛋糕清爽。另外，若将食谱的分量变为1个蛋黄和100mL牛奶，做成的面团会更加清爽。可以根据自己的心情和喜好来制作。

提起酵母和水果干的搭配，就会想到德国的"史多伦面包（Stollen）"和意大利的"潘妮朵尼面包（Panettone）"。史多伦面包外层裹着白色核桃糖粉，其制作灵感来自用白色裹布包着的耶稣的形象。潘妮朵尼面包则是不知道名字是叫托尼还是托妮的面包师制作的面包。虽然有很多关于来源的说法，但我宁愿相信它们是为了送给陷入热恋的女子才烤制的故事。不管是树根蛋糕，还是法式苹果挞，这些经典甜点或者面包的名字后面，都有着很多传言和故事。每次制作或者食用甜点时，就会想起这些历史渊源，而我对甜点的喜爱之情也因此越来越深。

材料（直径18cm环形模具1个）

高筋面粉·····························130g
黄油（无盐）·······················50g
蛋黄··································2个
牛奶·······························80mL
干酵母···························1/2小匙略多
细砂糖·······························2大匙
蜂蜜·······························1/2小匙
盐·································1/4小匙
香草油·······························少量
混合水果····························100g

提前准备

+ 黄油和蛋黄室温静置回温。
+ 模具内涂抹黄油并撒上面粉（都是分量以外）。

◎ 做法

1 小耐热容器内放入干酵母，边一点点倒入加热到大约人体体温的牛奶，边搅拌溶化。

2 碗内放入软化的黄油、细砂糖和盐，用打蛋器搅拌均匀。依次放入蛋黄和蜂蜜→一半高筋面粉→剩余的高筋面粉，搅拌均匀（用打蛋器很难搅拌时，可以改用橡皮刮刀）。

3 放入香草油和混合水果，用橡皮刮刀搅拌均匀。刮下粘在碗边缘的面糊，让边缘变得干净，盖上保鲜膜，室温静置约3小时，进行第一次发酵（大约膨胀到原来的2倍大就可以了）。

4 将面糊倒入模具中，盖上保鲜膜，放在有日光的窗边或其他温暖的地方，进行第二次发酵（膨胀到原来的1.5～2倍就可以了）。使用烤箱的发酵功能发酵时，以30～45分钟为宜。

5 烤箱预热到180℃。撕下模具上的保鲜膜，放在烤盘上，放入180℃的烤箱内烘烤约25分钟。

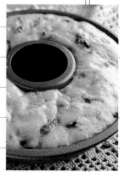

面糊膨胀到模具边缘略靠下或与边缘持平的位置时，第二次发酵就完成了。为了能立刻放入烤箱，要把握好时机，将烤箱提前预热。

我喜欢用口感湿润的混合水果。这是Umehara的混合水果，放入了橙皮、葡萄干、樱桃、苹果、菠萝等。

关于烘烤模具

下面介绍的是本书中使用的模具，不要认为"没有这个模具就无法做蛋糕"，多尝试使用不同的模具也很有趣。
首先要买的就是磅蛋糕模、圆形模具和挞盘。有了这些模具就能做大多数甜点了。

磅蛋糕模具

想做磅蛋糕，就一定要用这款模具。
除了黄油蛋糕以外，可以烤大大的玛
芬，也可以烤略硬的布丁。

圆形模具

我常用的是直径10cm、12cm、16cm
的活底模具。最近常用10cm的模具烘
烤小黄油蛋糕。用玻璃纸包裹好，系
上丝带，就做成了简单可爱的礼物。

方形模具

正方形的模具。可以用来烤扁平的磅
蛋糕，烤好后切分食用，或者用来烘
烤海绵蛋糕，再用奶油装饰，当作纪
念日的甜点非常合适哦。

玛芬模具

其实除了做玛芬，还可以用来做很多
甜点。烘烤奶酪蛋糕和巧克力蛋糕，
或者铺入挞皮或派皮，做成小巧可爱
的甜点。

挞盘

有大小两种尺寸，可以烤出变化多样
的派或挞。建议使用活底模具。也可
以不使用模具，用手揉成圆形或者椭
圆形，放在烤盘上烘烤，做成简单朴
素的甜点。

心形玛芬模具

能烤出胖胖的心形，非常可爱，制作
"焦糖玛德琳"（96页）常用这款模
具。当然，也可以用经典的贝壳形模
具，或者椭圆浅盘。

戚风模具

戚风蛋糕的专用模具。用直径20cm的
模具烘烤，就能做出松软的口感，非
常有满足感。烤好后，要将模具倒扣
放凉，因此没有树脂涂层的铝制模具
更好用（蛋糕不会滑落）。

硅胶模具

做"杏仁粉蛋糕"（98页）时使用的
模具。不用撒面粉，直接将面糊倒入
模具中，烤好后即可顺利脱模，这就
是硅胶模具的优点。因为难以烘烤上
色，所以并不适合烘烤焦糖或巧克力
等颜色较深的甜点。这款模具是我在
Matfer Japan的网站上买到的。

椭圆形模具

烘烤"核桃焦糖奶油挞"（58页）使
用的模具。也可以用又圆又小的模具
烘烤。用这款模具烘烤玛德琳蛋糕或
费南雪蛋糕也非常可爱。

*请到百货商店、烘烤工具店、厨房用品专卖店等店铺购买以上模具。

小甜点和冷甜点

小的烤制甜点，仅仅是小小的样子，就已经十分可爱了。想吃一口一个的

甜点时再合适不过啦。做一份面糊就可以烤出很多个小甜点，想要送给很

多人或者需要做很多甜点时，做小甜点准没错。另外，说到冷甜点一定会

联想到炎炎夏日，若是冬天在温暖的房间里吃着冰凉的甜点，也别有一番

风味。一年四季，都想在冰箱里冷藏或冷冻些甜点呢。

奶香玛德琳

　　虽然食谱上说需要不断放入各种材料，但都是放入同一个碗内搅拌，非常简单。制作步骤简单的甜点，可以靠不同材料的相互组合，造就复杂的味道。将所有的材料一一摆好，感觉就像是给"那么，开始吧！"这种心情泼冷水一样，所以我都会尽量介绍简单的甜点食谱。偶尔多下些功夫制作简单又基础的甜点也是一种乐趣。

　　我的功夫用在了烤制比普通玛德琳小一些的迷你玛德琳上。用1个鸡蛋做成的面糊，就能烘烤出约30个玛德琳。当作送人的礼物时，可以放入包装袋中直接送出。虽然看起来随意，但确实烤出了贝壳的形状，不仅可以当作配茶的小甜点，也适合送人。不管是送礼的人还是收礼的人，都不会觉得小甜点是负担，真是非常棒的甜点。

材料（4cm×3cm的迷你贝壳形模具约30个）

低筋面粉	40g
杏仁粉	10g
泡打粉	1/4小匙
黄油（无盐）	40g
细砂糖	25g
鸡蛋	1个
炼乳	1大匙
朗姆酒	1小匙
蜂蜜	1/2小匙
盐	1小撮

提前准备

+鸡蛋室温静置回温。

+低筋面粉、杏仁粉、泡打粉、盐混合过筛。

+模具内涂抹黄油并撒上面粉（都是分量以外）。

+烤箱预热到160℃。

做法

1 碗内放入粉类和细砂糖，中间挖个洞，在洞里放入打散的蛋液、炼乳、朗姆酒和蜂蜜。用打蛋器将粉类一点点混合，轻轻搅拌均匀。

2 小碗内放入黄油，碗底放入约60℃的热水中，隔水化开黄油，或者放入微波炉加热化开黄油。趁热倒入1的碗内，搅拌均匀（有时间的话，在这一步盖上保鲜膜，冷藏静置约30分钟以上，这样做好的蛋糕口感更绵润）。

3 用汤匙将面糊舀入模具中，放入160℃的烤箱内烘烤约10分钟。脱模放凉。

想要让口感更浓郁，可以放入香甜的炼乳（加糖炼乳）。只想用砂糖来调整甜度时，可以使用浓缩炼乳（无糖炼乳）。

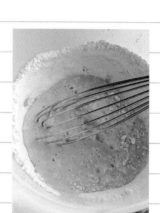

用打蛋器从中央向外侧一点点打散周围的面粉壁，轻轻搅拌均匀。

只需要将蛋糕做得"小一点"，就能让人感觉可爱无比。在一堆小模具中，小巧的迷你贝壳形模具是最可爱的！

焦糖玛德琳

　　提起玛德琳蛋糕，最受欢迎的要数烤制成贝壳形状的玛德琳。烤制原味玛德琳时，我也一定会选择贝壳形模具，但只有这款焦糖玛德琳，无论如何都想用心形模具烤制。膨胀的心形、绵润的口感，让这款玛德琳怎么看都可爱，配上"焦糖玛德琳"这个又甜蜜又美味的名字，就觉得一定要用心形才合适。

　　虽然只是改变甜点的形状，但带着玩的心态制作，也能让烤制甜点的乐趣倍增。即使同一款玛德琳，用心形模具或者贝壳形模具烤制，要比使用又浅又低的铝模烤制可爱得多，即使同样都是心形模具，选择更小巧可爱的心形，就能颠覆成熟稳重的印象。反过来讲，使用一种模具烤制各种不同种类的甜点，也会很有趣吧。

材料（6cm心形玛芬模具约18个）

低筋面粉	100g
泡打粉	1/4小匙
黄油（无盐）	80g
细砂糖	80g
鸡蛋	2个
盐	1小撮

焦糖奶油（做好后使用80g）

淡奶油	200mL
细砂糖	150g
水	1大匙

提前准备

+ 鸡蛋室温静置回温。
+ 模具内涂抹黄油并撒上面粉（都是分量以外）。
+ 低筋面粉、泡打粉、盐混合过筛。

🌀 做法

1 制作焦糖奶油。小锅内放入细砂糖和水，中火加热，不要晃动锅，加热溶化细砂糖。等边缘开始上色后，晃动锅，让颜色均匀，变成稳定的茶褐色后关火。倒入用微波炉或者另一个小锅加热的淡奶油（注意别煮沸），用木铲或者耐热的橡皮刮刀搅拌均匀，边不时在锅内搅拌边完全放凉。

2 烤箱预热到170℃。小碗内放入黄油，碗底放入约60℃的热水中，隔水加热化开黄油，或者放入微波炉加热化开黄油。化开后继续隔水保温。

3 另取一碗，放入鸡蛋打散，放入细砂糖，打发到颜色发白、体积略膨胀。放入2中温热的黄油粗略搅拌，放入焦糖奶油，搅拌均匀。

4 撒入粉类，搅拌到没有干面粉、质地顺滑，用橡皮刮刀从底部大幅度翻拌均匀。

5 用汤匙将面糊舀入模具内，放入170℃的烤箱内烘烤10～15分钟。脱模放凉。

使用较厚的锅制作焦糖酱或者焦糖奶油会更好吃。焦糖奶油的味道有变化时，甜点的味道也会随之变化，我倒不会唉声叹气"为什么每次的味道都不一样"，而是积极地想着"今天会烤出什么味道的甜点呢"（笑）。

这个分量的焦糖奶油可以放入300mL的瓶子中。不需要做这么多时，将食谱的分量减半就可以了。想要一次做好用2～3周的话，可以将其倒入煮沸消毒的瓶子中，冷藏保存。预计几天就能用完的话，就可以放入普通的干净瓶子中，冷藏保存。这款奶油即使放入冰箱冷藏也不会变硬，制作甜点时取出使用的分量，室温下静置回温，或者放入微波炉加热几秒，就能恢复黏稠的状态了。

杏仁粉蛋糕

简单地说，是费南雪蛋糕不烤焦黄油的版本。可以用磅蛋糕模具或花朵模具烤制，但我更喜欢用小模具烤制的甜点。

刚开始做甜点的时候，觉得自己做要更健康一点，所以会减少黄油或者砂糖的用量。但是，各自的分量，都有各自的理由。认识到这一点，就不再擅自减少砂糖的用量了。当然，随便增加用量也是不可取的。

砂糖除了增加甜度外，还承担着很多重要的工作。延长食物保存期限，就是其中一个。每次赠送甜点时，注意保存期限是理所当然的事。但是，每次被问"保存期限到什么时候"，我都会非常困扰。甜点的种类有很多，保存期限会受到季节、保存方法，还有其他因素的影响。

比起能保存到什么时候，我会更多考虑什么时候食用味道最好。带着让对方吃到好吃甜点的心情烤制甜点，送人时便希望对方不要错过品尝美味甜点的最佳时机。

材料（直径4.5cm可露丽模具约12个）

低筋面粉·· 50g

杏仁粉··120g

泡打粉·· 1小撮

黄油（无盐）·································100g

细砂糖··120g

蛋白·· 3个

香草豆荚·· 1/2根

（或者香草油少量）

盐·· 1小撮

提前准备

+模具内涂抹黄油并撒上面粉（都是分量以外）。

+低筋面粉、杏仁粉、泡打粉混合过筛。

+烤箱预热到180℃。

做法

1 小碗内放入黄油，碗底放入约60℃的热水中，隔水加热化开黄油，或者放入微波炉加热化开黄油。香草豆荚纵向剖开，刮出里面的香草籽，和豆荚一起放入黄油中，用热水隔水保温。

2 另取一碗放入蛋白，边一点点放入盐和细砂糖边打发，做成有光泽、质地硬实的蛋白霜。撒入粉类，用橡皮刮刀搅拌均匀（使用香草油时，要在此时放入）。

3 将1中的豆荚取出，剩下的黄油分3次倒入2的碗中，用橡皮刮刀从底部大幅度翻拌到顺滑。

4 将面糊倒入模具中，放入180℃的烤箱内烘烤20~25分钟。在蛋糕中间插入竹扦，没有粘上蛋糕糊就表示烤好了。放置2~3天味道更好。

这里用来包装的绳子是棉质蕾丝线。编织蕾丝剩余的丝线也可以用来装饰。

做甜点剩余的蛋白，分成一个一个冷冻，方便下次使用。布丁杯内铺上保鲜膜，放入蛋白，将开口处拧紧，用橡皮筋或者绳子系上，直接放入冰箱冷冻。自然解冻到半解冻状态就可以用了。

这里使用小巧的可露丽模具烤出高高的蛋糕，也可以在模具中倒入一层浅浅的面糊，烤出圆圆的蛋糕也很可爱。可以用玛德琳模具或者费南雪模具烘烤，也可以用磅蛋糕模具烤出1个大大的甜点。多尝试一些，享受不同的形状和口感。这个食谱中的分量可以用于1个18cm×8cm×6cm的磅蛋糕模具，烘烤时间是180℃烘烤约40分钟。

达克瓦兹

　　有时候朋友会说"想吃甜点呢，快烤些什么吧"，拜托我做甜点当礼物，这倒没有问题，但如果是之前没有吃过我做的甜点的朋友，第一次送甜点给对方时，就会有些许担心和紧张。在担心"是不是好吃"之前，首先担心的是送朋友自己做的甜点，对方会不会不喜欢？

　　互赠手作礼物是非常微妙的一件事，尤其是吃的东西。如果自己是收到甜点的人，又刚好跟做甜点的人不熟，就会很不安吧。"会不会放了什么奇怪的东西"之类的，当然不是在担心这个（笑）。

　　不过，互相赠送礼物，互相交换心意，不是强加于人或者自我满足就可以了，而是让自己不要忘记慎重之心。但是，对于完全没有戒心的朋友，就会想是不是强塞了礼物。

　　烤好的达克瓦兹表面坑坑洼洼。因为夹入了保存期较短的奶油，所以做好后要放入冰箱冷藏，并尽快食用。食用时室温放置回温。也可以夹入打发成略硬状态的淡奶油，或者市售的蛋黄酱，乐趣多多。

材料（约10组）

达克瓦兹面糊

杏仁粉	50g
糖粉	25g
玉米淀粉	1/2大匙
细砂糖	25g
蛋白	2个

黄油奶油（方便制作的量）

黄油（无盐）	120g
细砂糖	35g
鸡蛋	1个
烘烤前撒的糖粉	适量

提前准备

+ 将制作黄油奶油用的黄油和鸡蛋室温静置回温。

+ 烤盘铺上油纸。

+ 杏仁粉、糖粉、玉米淀粉混合过筛。

+ 烤箱预热到180℃。

◎ 做法

1 制作达克瓦兹面糊。碗内放入蛋白，边一点点放入细砂糖边打发，做成有光泽、质地硬实的蛋白霜。

2 撒入粉类，用橡皮刮刀快速大幅度地搅拌均匀。

3 将面糊用略大的汤匙舀出约1杯的量，再用另1把汤匙舀到烤盘上，做成直径约4cm的小面饼。用茶筛将糖粉筛在表面（若糖粉化开可以再轻轻撒一层），放入180℃的烤箱内烘烤约15分钟，放在蛋糕架上放凉。

4 制作黄油奶油。碗内放入鸡蛋打散，放入细砂糖，打发到颜色发白、体积膨胀（碗底放入约60℃的热水中操作会更方便）。

5 另取一碗，放入软化的黄油，打发到颜色发白、质地柔软。将4的蛋液分3~4次放入，搅拌到顺滑（如果出现分离，继续搅拌就可以，搅拌会增加黏性）。

6 等达克瓦兹完全放凉后，夹入黄油奶油。

变换夹在里面的奶油的味道也很有趣。葡萄干黄油奶油，是在黄油奶油中放入朗姆酒渍葡萄干，适度搅拌即可。摩卡黄油奶油，是在50g黄油奶油中放入1小匙速溶咖啡和1小匙朗姆酒，搅拌均匀即可。如果轻轻搅拌，会残留没有溶解的速溶咖啡颗粒，吃起来更有趣。剩余的奶油用保鲜膜包裹冷冻，可以用来装饰蛋糕。

焦糖葡萄干黄油蛋糕

因为喜欢焦糖，自然也喜欢用焦糖做的甜点。想吃的时候，就会多做一些比较浓稠的焦糖奶油，放入冰箱中冷藏备用，每次打开冰箱看见这些棕褐色的瓶子，就觉得特别安心。

以前常做真真正正的焦糖。像奶油糖般脆硬的焦糖，或者入口即化的柔软焦糖。将材料全部放入锅内加热，只需要煮开就可以了，非常简单，将焦糖切成小块，一块块紧紧包好，分给大家吃（笑）。

预感今年会用花朵模具、咕咕霍夫模具、小模具烤制各种各样的黄油蛋糕。将橙子、苹果、无花果、覆盆子、栗子、坚果、巧克力、盐等材料与焦糖糊搭配，每个月都能变换不同材料，想想就觉得有趣。这篇食谱写于今年1月。那么就从葡萄干开始做起吧。

材料（直径约7cm迷你布丁模具约12个）

低筋面粉	90g
泡打粉	1/3小匙
杏仁粉	30g
黄油（无盐）	100g
细砂糖	75g
鸡蛋	2个
蛋黄	1个
蜂蜜	1大匙（20g）
盐	1小撮
葡萄干	80g
朗姆酒	1大匙
焦糖奶油（完成后使用80g）	
细砂糖	75g
水	1/2大匙
淡奶油	100mL

提前准备

+ 黄油、鸡蛋、蛋黄室温静置回温。
+ 葡萄干和朗姆酒混合均匀。
+ 低筋面粉、泡打粉、盐混合过筛。
+ 模具内涂抹黄油并撒上面粉（都是分量以外）。

◎ 做法

1 制作焦糖奶油。小锅内放入细砂糖和水，中火加热，不要晃动锅，加热溶化细砂糖。边缘开始上色后，晃动锅，让颜色更均匀，变成喜欢的茶褐色后关火。一点点倒入用微波或者其他小锅加热的淡奶油（注意别煮沸），用木铲搅拌均匀，完全放凉。烤箱预热到160℃。

2 碗内放入软化的黄油，用打蛋器或者电动打蛋器搅拌成奶油状，放入细砂糖，搅拌到颜色发白、质地柔软。

3 依次放入一半混合打散的蛋液和蛋黄（一点点倒入）、杏仁粉，每次都搅拌均匀，一点点倒入剩余的蛋液，搅拌到质地柔软。放入1的焦糖奶油和蜂蜜，搅拌均匀。

4 撒入粉类，用橡皮刮刀从底部大幅度翻拌，认真搅拌到出现光泽。放入葡萄干，搅拌均匀。

5 将面糊倒入模具中抹平，放入160℃的烤箱内烘烤约25分钟。在蛋糕中间插入竹扦，没有粘上黏稠的蛋糕糊就表示烤好了。脱模放凉。

在提前准备的阶段，将葡萄干放入朗姆酒中浸泡。不论是自家做的或者市售的，只要是腌渍好的葡萄干都可以使用。今天烤的蛋糕，用的是浸泡过朗姆酒的市售朗姆酒渍葡萄干。

NORDIC WEAR的迷你布丁模具，既能烤出漂亮的颜色，也可以顺利脱模。这里使用的模具，叫作"布朗尼烤盘"（模具内侧写有Bundt cupcakepan）。烤出来的甜点外形可爱，品质上乘。

食谱中的分量也可用于1个21cm×8cm×6cm的磅蛋糕模具。烘烤时间为160℃约45分钟。剩余的面糊可以放入烤碗或者小模具中烘烤。

红茶蛋白饼干

这款甜点带有红茶的香气和杏仁的味道，用烤箱低温慢慢烤干而成。饼干经过烘烤水分蒸发，变得非常干燥，不易受潮，口感清脆，能长时间保存。话虽如此，但甜点的防潮工作还是要做好，所以要将饼干和干燥剂一起放入密封容器内保存。

可以直接作为茶点用手抓着吃，搭配不加糖的打发淡奶油也很美味。将红茶蛋白饼干和淡奶油叠放在盘子中，就是甜点拼盘啦。

虽然这款饼干大多会被挤成环状烘烤，但挤成N字形或者棒状也很好。不使用裱花袋，用两把汤匙将面糊舀在烤盘上，烤出圆圆滚滚的形状，也非常可爱。想再好玩一点呢，可以在挤好的面糊上放上核桃、杏仁等坚果烘烤，变成烘托圣诞气氛的饼干。当作冬季的小礼物也很好。送人时，不要忘了和干燥剂一起放入透明袋中，防潮很重要。

材料（能做直径4cm的饼干约30个）

杏仁粉·······························25g
玉米淀粉·····························10g
糖粉·······························25g
蛋白·······························1个
盐·······························1小撮
红茶叶························2g（或者1袋茶包）
装饰用坚果（核桃、开心果、杏仁片等）······各适量

提前准备

+ 红茶叶切碎（用茶包的话可以直接使用）。
+ 杏仁粉和玉米淀粉混合过筛。
+ 烤盘铺上油纸。
+ 烤箱预热到120℃。

◎ 做法

1 碗内放入蛋白，边放入糖粉（一点点放入）和盐边打发，做成质地硬实的蛋白霜。

2 撒入粉类和红茶叶，用橡皮刮刀搅拌均匀。

3 裱花袋装上星形花嘴，将面糊装入裱花袋中，在烤盘上有间隔地挤出3～4cm的环状，装饰上喜欢的坚果。放入120℃的烤箱内低温烘烤约1小时，烤到中间完全干燥，放在蛋糕架上放凉。

将蛋白糊挤成棒状，放上核桃、开心果、杏仁、榛子等坚果烘烤，做成蛋白坚果条，也非常好吃。

买鲜奶油时赠送的裱花袋，用起来非常方便。虽然有点不环保，但并不经常使用，用完即扔也非常适合我。

小泡芙

　　虽然泡芙并不是经常做的甜点，但是做了一次之后就念念不忘，连续好几天都想再烤几次，真是不可思议的甜点。为了做出蓬松的泡芙糊，要将黄油放入水中，加热到沸腾，使黄油化开。粉类和蛋液也要完全融合。边观察泡芙糊的状态边调整蛋液的用量，做出既不太硬也不太软的面糊。烘烤中不要打开烤箱，直到最后完全烤干，才能做出酥脆口感。虽然听起来非常复杂，但实际操作时却意外地简单。开始做的时候还有些懒得动，看到面糊在烤箱中膨胀的样子，就觉得"啊，真有趣。明天再做一次吧"。裱花袋用的是买淡奶油附赠的裱花袋。裱花嘴要用圆口的，没有的话可以将星形花嘴的锯齿部分用剪刀剪下后使用。卡仕达酱的简单做法是用2个蛋黄制作，再用淡奶油增添分量。卡仕达酱和淡奶油混合制成的奶油又软又滑，我非常喜欢。

材料（能做直径约4cm的小泡芙30个）

泡芙糊

低筋面粉	55g
黄油（无盐）	45g
牛奶	50mL
水	50mL
鸡蛋	2~2.5个
细砂糖	1/2小匙
盐	1小撮

卡仕达酱

蛋黄	2个
牛奶	200mL
细砂糖	55g
黄油（无盐）	15g
低筋面粉	1大匙
玉米淀粉	1大匙
香草豆荚	1/2根
（或者香草油少量）	
淡奶油	120mL
朗姆酒	1小匙

提前准备

+ 将全部黄油和制作泡芙糊用的鸡蛋室温静置回温。
+ 将制作泡芙糊用的低筋面粉过筛。
+ 烤盘铺上油纸。
+ 烤箱预热到190℃。

做法

1 制作泡芙糊。锅内放入黄油、牛奶、水、细砂糖和盐，中火加热，用木铲搅拌使黄油化开，加热到沸腾。离火，将制作泡芙糊用的粉类全部撒入，用打蛋器快速搅拌。

2 再用较弱的中火加热，用木铲搅拌约2分钟。将面糊搅拌成团，锅底形成薄膜后离火。

3 放入1/3打散的蛋液，用木铲快速搅拌均匀。边观察面糊的软硬度，边一点点倒入剩余的蛋液，每次都搅拌均匀，舀起面糊会缓缓落下，面糊能在木铲上呈倒三角形垂下就可以了。

4 裱花袋装上直径约1cm的圆口花嘴，将面糊装入裱花袋，有间隔地在烤盘上挤出直径2.5~3cm的圆滚滚形状。手指蘸上水，按压面糊隆起的部分，表面用喷雾喷上水，放入190℃的烤箱内烘烤12分钟，上色后转150℃烘烤约10分钟。在烤箱内静置放凉，完全干燥。

5 制作卡仕达酱。碗内放入蛋黄，用打蛋器搅拌，放入细砂糖搅拌均匀，撒入低筋面粉和玉米淀粉搅拌均匀。

6 锅内放入牛奶、香草豆荚（纵向剖开，刮出香草籽），加热到接近沸腾，将**5**一点点放入搅拌。用滤网过滤回锅内，中火加热，边用打蛋器不断搅拌边煮开。煮到沸腾冒泡、变得黏稠后，再搅拌一会儿，待卡仕达酱变得质地轻盈后离火。放入黄油，用余热化开黄油，锅底放入冰水中，边搅拌边完全放凉。

7 将淡奶油和朗姆酒打发到有小角立起（九分发），放入**6**的锅中，用橡皮刮刀粗略搅拌。

8 装饰。将泡芙皮中间略上的部分切开，裱花袋装上星形花嘴，装入淡奶油，挤入泡芙皮中。或者用小汤匙舀入泡芙皮中。

买淡奶油时赠送的花嘴，几乎都是星形花嘴。只要用剪刀剪掉锯齿部分，就可以当作圆口花嘴使用了。

泡芙糊的硬度达到右图中的程度就可以了。用木铲舀起后呈倒三角形垂下。

泡芙皮经烘烤后会膨胀，要有间隔地挤在烤盘上。像这样小一点的尺寸非常可爱。

小铜锣烧

提起铜锣烧，最先想到的就是"哆啦A梦"。哆啦A梦的故事暂且不说，在京都东寺附近有一家名为"笹屋伊织"的甜点店，那里卖的铜锣烧非常受欢迎。

那是一款被称为"梦幻铜锣烧"的甜点，外观和内馅都和普通的铜锣烧不同，说明白点就像是又细又长的蛋糕卷。软糯的饼皮中卷着柔滑的红豆馅，再用笋壳包起来。带着笋壳切分食用，这种味道令人怀念。用东寺的铜锣代替铁板烤出秘制的饼皮，作为"和弘法大师有缘的甜点"，代代相传地烤制着。这款甜点仅在弘法市每月20日～22日销售3天，是一款非常特别的日式甜点。以上就是和铜锣烧有关的京都日式甜点小情报。

材料（能做直径约7cm的铜锣烧10组）

低筋面粉	90g
泡打粉	1/2小匙
蔗糖（或者细砂糖）	45g
牛奶	50mL
鸡蛋	2个
蜂蜜	1大匙
色拉油	适量
淡奶油	60mL
市售红豆馅（红豆沙也可以）	适量

提前准备

╋鸡蛋室温静置回温。

╋低筋面粉和泡打粉混合过筛。

◎ **做法**

1 碗内放入鸡蛋打散，放入蔗糖和蜂蜜，搅拌到体积略微膨胀。

2 倒入牛奶粗略搅拌，撒入粉类，用橡皮刮刀从底部大幅度翻拌到顺滑。盖上保鲜膜，室温静置20～30分钟。

3 用中火将带有不粘涂层的平底锅加热，起初薄薄地倒上一层色拉油，转小火，将面糊舀出约1/2杯，倒入锅内，做成直径约7cm的面饼。表面冒泡后翻面，背面也烤到金黄色。用同样的方法烤20块，轻轻盖上浸水后拧干的毛巾或者保鲜膜，放凉。

4 完全放凉后，将淡奶油打发到有柔软的小角立起（八分发），夹上喜欢的红豆馅和淡奶油。放置1天，待奶油和红豆馅融合，味道更好。

面糊表面出现这样的小泡后，就可以翻面了。

为了避免烤好的饼皮干燥，需盖上浸水后拧干的薄毛巾，然后放凉。

也可以夹入黄油奶油，味道非常好。做法是用打蛋器将75g无盐黄油搅拌柔软，放入1大匙细砂糖和少量盐，搅拌到颜色发白、体积略膨胀就可以了。

甜红薯

　　虽然写了明确的食谱，但在制作甜红薯的过程中，只要注意红薯的味道和软硬程度，适量添加黄油、糖、淡奶油等，即兴做出喜欢的味道，这样做的甜红薯才是最好吃的。因此，请把我写的食谱当作参考用吧。这里使用的红薯本身就很甜，所以控制了糖的使用量。没有枫糖浆的话，可以用砂糖代替。想让口感更浓郁时，就会放2个蛋黄；水分不足时，就多放一些淡奶油，用这种感觉轻松愉快地制作吧。

　　红薯的味道已经明确，如果面糊较硬，可以用手揉圆，做成红薯的形状烘烤；如果面糊较软，借助汤匙或者裱花袋放入烤碗、玛芬模具、纸杯中烘烤就可以了。

　　还有一种做法可以省力地做出柔滑口感，就是使用食物料理机。将材料依次放入食物料理机中搅拌均匀，不一会儿面糊就做好了。虽然做法有些单调，但在制作多人份的甜点时非常有效。

材料（直径7cm的烤碗4~5个）

红薯·····································1个（净重200g）
黄油（无盐）·······························30g
蛋黄···1个
淡奶油·····································2大匙
枫糖浆·····································2大匙
盐···1小撮
刷在表面用的蛋液·························适量

提前准备

+ 黄油室温静置回温。
+ 烤箱提前预热到170℃。

◎ 做法

1 将红薯削皮后切成适当大小，浸入水中，去除涩味。放入冒着蒸汽的蒸锅里，中火蒸制约15分钟，蒸到竹扦能刺穿红薯就可以了。或者切成小块，放入微波炉加热约8分钟，热到红薯变软即可。

2 趁热放入碗内，用压薯器压成泥，依次放入黄油和盐→蛋黄→淡奶油→枫糖浆，每次都用橡皮刮刀搅拌，搅拌到顺滑（边观察状态边放入淡奶油和枫糖浆，做成喜欢的硬度和味道）。

3 用汤匙舀出红薯糊放入模具内，蛋液内倒入少量水，刷在红薯糊表面，放入170℃的烤箱内烘烤25~30分钟，烤成漂亮的颜色。

选择红薯时，要用又香又甜的"鸣门金时"。慢慢加热红薯，能增加其甜味，想要控制砂糖用量时，可以用蒸锅或者烤箱慢慢加热，做出甜甜软软的红薯。

将红薯揉成小圆球，做成甜红薯球。像做寿司一样，在里面夹上馅会更有趣。可以放入栗子、红豆馅、核桃、苹果蜜饯、葡萄干等内馅。

烤苹果

将整个苹果去核后烘烤，做出的烤苹果会非常可爱，但为了操作和食用方便，我的一贯做法是将苹果对半切开再烘烤。去核时使用的工具是吃西柚时用到的锯齿刮勺。除了吃西柚或者猕猴桃之外别无它用的刮勺，终于派上了用场，可见我对这把刮勺的喜爱（笑）。

刚出炉的苹果热腾腾，搭配冰凉的冰激凌或者淡奶油，美味至极。但放凉的苹果搭配冰激凌或者淡奶油味道也很好。虽然感觉苹果的甜味变弱了，但我却更喜欢这种味道。

和"番茄变红了，医生的脸就变绿了"同理，也有"1天1个苹果，医生远离我"的说法。为了健康积极地吃苹果是非常好的事，只是单纯因为好吃而积极地吃苹果也很棒。不管哪种食物，我大多都是出于后一个原因食用，但是只要能让自己充满活力，出于什么原因又有何妨呢。

材料（4人份）

苹果·························· 2个

黄油（无盐）················· 20g

细砂糖······················ 2大匙

装饰用的淡奶油、薄荷叶········ 各适量

提前准备

＋烤箱预热到160℃。

🌀 **做法**

1 将苹果洗净，纵向对半切开，用汤匙或者刀子挖出苹果核，将苹果摆在耐热容器内。

2 在挖空的地方放上5g黄油，表面撒上细砂糖，覆上锡纸，盖上锅盖，放入160℃的烤箱内烘烤约30分钟。放入适量细砂糖和少量利口酒（都是分量以外），装饰上打发的淡奶油、薄荷叶。可以加入冰激凌，也可以撒上肉桂粉，味道都很好。

这是LE CREUSE直径22cm的小型铸铁锅。可以将锅盖一起放入烤箱，既能用于烹饪，也能用于烘焙，用途很广。直接放在桌子上就非常可爱，我特别喜欢用它。

秋天时选用红玉苹果，其他季节选用富士苹果。之前朋友T送给我产自北海道的苹果"茜"，做成甜点后特别好吃，今年也应该订购一箱才好。

草莓慕斯

当草莓地里的草莓大量上市的时候，我就摩拳擦掌地开始做这款甜点了。即使不用蛋白霜，口感依然松软轻盈，是一款浅粉色的草莓慕斯。今天用了特别喜欢的白色心形陶碗来凝固慕斯。法国LE CREUSET的炻器系列厨具适用于烤箱加热，烘烤甜点时也会用到它。

制作慕斯看起来比较复杂，因为不能确定是不是需要多备几个大碗。实际制作时便会发现其实很简单。慕斯的制作过程大体可以概括为，将打成泥的草莓和吉利丁混合，做成草莓吉利丁糊，放入打发到黏稠状的淡奶油，冰一下就可以了。要让草莓吉利丁糊和淡奶油的黏稠度差不多，这样才能做出顺滑的慕斯，需要注意的地方也只有这里了。如果黏稠度差别太大，可能会分成两层，分层也很有趣，而且同样美味。虽然要清洗的东西很多，但是为了吃到软嫩的慕斯，还是值得挑战做一次。

材料（120mL的容器6个）

草莓··························	约1盒（220g）
淡奶油··························	180mL
细砂糖··························	50g
柠檬汁··························	1小匙
喜欢的利口酒··················	1小匙
吉利丁粉······················	5g
水····························	2大匙
装饰用的草莓、薄荷叶··········	各适量

提前准备

+将吉利丁粉撒入2大匙水中，浸泡变软。

◎ 做法

1 将草莓洗净，擦干水分，和细砂糖、柠檬汁一起放入搅拌机中，搅拌成顺滑的泥状，倒入碗内备用（或者用叉子压碎，过筛备用）。

2 另取一碗，倒入淡奶油和利口酒，打发到没有小角立起、奶油黏稠可流动的状态（六分发）。

3 将泡软的吉利丁隔水或者微波加热几秒化开（注意别煮沸），一点点倒入1的果泥，搅拌均匀。再倒回1的碗内，用橡皮刮刀搅拌到顺滑（为了避免太干，可以将碗底放入冰水中，慢慢搅拌到略微黏稠）。

4 倒入2的淡奶油，用橡皮刮刀搅拌均匀，倒入容器内，冷藏凝固2小时以上。用切碎的草莓、薄荷装饰。

也可以用食物料理机制作果泥。我会将草莓、砂糖和柠檬汁放入较高的容器内，用BAMIX手持搅拌器搅拌均匀。想要享受草莓的颗粒口感时，可以用叉子压碎做成果泥。

食谱中的分量可用于2个这样形状的LE CREUSE容器+1个咖啡杯。

白奶酪蛋糕

　　这是一款轻盈柔软的奶酪甜点，"白奶酪"看起来很像酸奶，是由新鲜奶酪、淡奶油和蛋白霜混合做成。原本用纱布制作，但我使用的是更方便的厨房纸。利用茶筛制作的1人份蛋糕非常可爱。家里要是有很多个茶筛会让人觉得很稀奇，我家的茶筛都是制作这款甜点前，从十元店购买的。十元店可是不容小觑的存在哦。

　　即使做成大蛋糕，美味也不会改变。笊篱里铺上厨房纸或者纱布，长时间静置沥去水分。这样做一次试试，就会爱上这款蛋糕，所以多买几个茶筛也不会觉得浪费了。

　　买不到白奶酪时，可以用味道浓郁、不酸的酸奶沥水代替。笊篱里铺上厨房纸，放上酸奶，放入冰箱冷藏1晚。也许，会有很多人喜欢用酸奶做出的清爽的味道。食谱中控制了甜度，食用时可以淋上蜂蜜。

材料（能做直径7cm的白奶酪蛋糕5~6个）

白奶酪·······························100g
淡奶油·······························80mL
糖粉································15g
蛋白································1个
蜂蜜································适量

提前准备

✦ 茶筛里铺上厨房纸，下面放上布丁模或者玻璃杯。

🌀 **做法**

1 碗内放入白奶酪，用橡皮刮刀搅拌到柔软。

2 另取一碗，放入淡奶油，打发到有柔软的小角立起（八分发）。

3 另取一碗，放入蛋白，边一点点放入糖粉边打发，做成有光泽、质地硬实的蛋白霜。

4 将2的淡奶油倒入1的碗内，用橡皮刮刀搅拌均匀，分2次放入蛋白霜，搅拌均匀。

5 倒入准备好的茶筛中，盖上保鲜膜，冷藏静置2小时以上，沥干水分。沥去水分到喜欢的硬度，盛入盘中，淋上蜂蜜食用。保存期限较短，所以要尽快食用。

想要做大一点的白奶酪蛋糕，可以在笊篱中铺上厨房纸或者纱布，倒入白奶酪蛋糕糊轻轻包起。置于碗或者深盘上，来盛接沥下的水分，放入冰箱冷藏即可。

牛奶内放入凝乳酶凝固，只需沥干水分，就能做成顺滑柔和的白奶酪。直接放入水果，再淋上蜂蜜，就是漂亮的甜点了。

没有茶筛时，可以将咖啡滤纸放在杯子里代替使用。虽然不能做出圆圆的形状，但却能变一种风格，做出形状有趣的奶油甜点。

中间放上冷冻覆盆子，味道更好。制作时，在倒入茶筛的阶段，将覆盆子一点点压入奶酪中。

材料（22cm×16cm的方盘1个）

原味酸奶·······································250g
牛奶··· 50mL
细砂糖·· 35g～40g
装饰用的薄荷叶······························· 适量

🌀 **做法**

1 方盘或者密封容器内放入酸奶和细砂糖，用汤匙搅拌，倒入牛奶搅拌均匀。

2 盖上盖子或覆上保鲜膜，放入冰箱冷冻凝固。观察冷冻30分钟后的样子，用汤匙或叉子将开始凝固的部分叉碎，搅拌均匀，重复3～5次（混入空气，做成柔软清脆的口感）。

3 盛盘，装饰上薄荷叶。喜欢的话，可以淋上用叉子叉碎的杏（罐头）果泥或者果酱，味道也很好。

冻酸奶

　　京都的夏天，真的非常炎热。虽然从出生以来一直住在这里，但无论度过几个夏天，还是不能习惯这种酷热。在房间里要开着空调降温，到了车上也要开着空调。一边担心这样做会让地球变暖加剧，一边因为无法忍受而继续开着空调。

　　夏天的时候，不管喝什么吃什么，都想要冰冰凉凉的。夏天跟朋友去咖啡馆，朋友说"越是这种季节，越要喝温热的饮料、吃温热的食物，这样才健康"，我瞪大眼睛看着点了热咖啡的朋友，心想"果然是大人的作风"，而我点的却是加冰的奶茶或者咖啡欧蕾。这样的我要到几时才能学会在夏天喝热饮呢？想想都觉得有趣，非常期待自己未来的改变。

酸奶是每天必吃的东西。我家冰箱中存放的就是这种"保加利亚酸奶"。虽然会根据做的甜点类型，选择味道略浓郁的浓稠型酸奶，但我家日常吃的酸奶，还是这种普通的酸奶。

材料（80mL ~ 100mL的容器6个）

牛奶	150mL
淡奶油	120mL
细砂糖	45g
蛋黄	2个
速溶咖啡粉	1大匙
咖啡利口酒	1小匙

〰 做法

1 锅内放入牛奶和速溶咖啡粉，小火加热，用木铲搅拌使咖啡溶解。

2 碗内放入蛋黄，用打蛋器打散，放入细砂糖，搅拌到颜色发白、质地黏稠。一点点倒入1的牛奶，搅拌均匀，倒回1的锅内，小火加热，用木铲慢慢搅拌。搅拌到黏稠后，离火放凉（着急时可将锅底放入冰水中，搅拌放凉）。

3 将淡奶油和咖啡利口酒打发到没有小角立起、黏稠可流动的状态（六分发），一点点倒入2的锅内，搅拌到顺滑。倒入容器内，盖上保鲜膜，放入冰箱冷冻凝固3小时以上。

小火加热，用木铲轻轻搅拌，搅拌到这种黏稠的浓度就可以了。

用心形冰盒凝固的冰激凌也非常可爱。

咖啡冰激凌

放入冰箱冷冻，不时地搅拌，即使不使用食物料理机搅拌，也能做出口感顺滑的冰激凌。此处介绍的是咖啡味冰激凌的做法，如果不加入咖啡或者利口酒，做出来的就是原味冰激凌。用香草豆荚或者香草油增添香味，做成香草冰激凌，感觉会更好。另外，用煮到浓稠的150mL奶茶制作，就是口感圆润的红茶冰激凌。吃的时候倒入红茶利口酒，或者其他喜欢的利口酒，开始享用吧。

刚从冰箱里取出来的冰激凌硬邦邦的，食用前拿出放置一会儿，待冰激凌稍微化开，用汤匙舀起，真的很柔软很美味。

材料（约2人份）

草莓···································· 约1/2盒（120g）
牛奶····································· 120mL
蜂蜜······································ 1~2大匙

提前准备

＋将草莓放入带拉链的保鲜袋中，放入冰箱冷冻（可以前一天准备好）。

◎ **做法**

Ⅰ 搅拌机内放入冻草莓、牛奶和蜂蜜，搅拌均匀（或者放入容器，用BAMIX手持搅拌器搅拌）。搅拌到顺滑就做好了。倒入玻璃杯中，用汤匙或者较粗的吸管食用。

草莓奶昔

　　将冷冻的水果和牛奶混合，放糖后用搅拌机搅拌，一会儿就做好了。夏天或者刚洗完澡，想做些又快又好吃的东西时，就可以做奶昔。我经常将全部材料放入大的量杯中，用BAMIX手持搅拌器搅碎就可以了。

　　使用的水果没有特别要求，什么都可以。为了方便随时制作，可以先将水果冷冻起来，想做的时候，就能立刻做好。购买冷冻混合莓果会更加方便。水果和牛奶以等比的量添加。至于甜度，放入蜂蜜也好砂糖也好，喜欢什么就放什么。即使不放味道也很好，食用时尝一下味道，视情况加糖混合就行了。

将草莓洗净擦干水分，放入Ziploc保鲜袋中冷冻。大颗的草莓可以适当切小后冷冻，用起来也更方便。

材料（120mL的容器5个）

牛奶·······································320mL

淡奶油·····································80mL

白芝麻酱····································30g

↘ 吉利丁粉··································5g

↘ 水·······································2大匙

蜂蜜·····································2大匙（40g）

提前准备

＋将吉利丁粉撒入2大匙水中，浸泡变软。

◎ **做法**

1 碗内倒入淡奶油，打发到黏稠（六分发），放入冰箱冷藏。

2 另取一碗，放入白芝麻酱和蜂蜜，一点点倒入用微波加热到大约人体体温的牛奶，用打蛋器搅拌溶解。将泡软的吉利丁用微波炉加热几秒溶化（注意别煮沸），倒入碗中搅拌。

3 用滤网过滤，碗底放入冰水中，轻轻搅拌到黏稠。倒入**1**的淡奶油，用打蛋器搅拌到顺滑，倒入容器内，冷藏凝固2小时以上。

白芝麻布丁

　　使用味道浓郁的白芝麻酱，放入吉利丁冷藏凝固，白芝麻布丁就做好了。我非常喜欢芝麻和蜂蜜的组合，这款布丁自然是用蜂蜜增添甜味的。用味道更浓的蔗糖制作，同样美味；想要味道更清爽，可以用细砂糖制作。

　　略带日式风味的冷甜点，偶尔尝尝也不错。享用完日餐后，将这款甜点从冰箱中端出来，大家都会很开心吧？这样的甜点，就算已经吃饱了也会吃得下，作为招待客人的甜点非常合适。

白芝麻酱更常用于烹饪，而非烘焙。这里是将砂糖、酱油、芝麻粉搅拌均匀做成的芝麻酱，可以用其做芝麻拌菜、调味汁，或者给烤制、煮制的菜品调味，用途广泛。

法式豆奶冻

　　法式奶冻（Blanc-manger），在法语中blanc=白色、manger=食用。一款带有"白色食物"含义的冷甜点。真正的法式奶冻是用牛奶煮杏仁增添香味，这里简单地使用苦杏酒增添杏仁的味道。所以，这款甜点算是带有法式奶冻风味的冷甜点。淋上咖啡利口酒、黑糖蜜或者焦糖酱，就可以享用啦。因为淡奶油中含有大量的空气，所以口感蓬松柔软。如果想做得更简单，不用打发淡奶油，直接和融入吉利丁的豆奶混合就可以了。用这种方法制作，能得到顺滑柔软的口感，别有风味。

　　法式豆奶冻质地柔软，可以用模具压出造型，在小模具中凝固，盛在盘中滑溜溜的非常可爱。右页使用的是硅胶萨瓦兰蛋糕模具。这种模具脱模方便，有适用于烤箱、微波炉的，也有方便冷冻和冷藏的，之前我便收集了各式各样的萨瓦兰蛋糕模具。虽然优点很多，但也有缺点，就是很难烘烤出漂亮的焦色，所以多用于烘烤焦糖或巧克力等深色甜点，我常用它制作冷甜点。

材料（160mL的容器4个）

豆奶（调制豆奶或原味豆奶皆可）·············· 250mL
淡奶油·· 120mL
细砂糖··· 30g
┐吉利丁粉··· 5g
┘水··· 2大匙
苦杏酒（有的话）································· 1小匙
装饰用的咖啡利口酒······························· 适量

提前准备

+ 将吉利丁粉撒入2大匙水中，浸泡变软。

🌀 做法

1 碗内放入淡奶油、细砂糖和苦杏酒，打发到黏稠（六分发），冷藏备用。

2 另取一碗，倒入豆奶。将浸泡变软的吉利丁放入微波炉加热几秒溶化（注意别煮沸），一点点倒入牛奶搅拌均匀，倒回豆奶的碗内，用打蛋器搅拌到顺滑。

3 用滤网过滤，倒入1的淡奶油，用打蛋器搅拌到顺滑。倒入容器内，放入冰箱冷藏2小时以上，淋上喜欢的利口酒食用。

我每天都喝Soyafarm的调制豆奶。味道清甜爽口，方便饮用，总之非常美味。

稍微放入一些咖啡利口酒的话，做成的甜点味道会更成熟。在香草冰激凌上倒入巧克力或者咖啡利口酒做成的甜点，是餐馆或咖啡馆菜单上常见的甜品。

直径7cm的硅胶材质萨瓦兰模具。本来是1排6个连起来的模具，但为了方便使用，就用剪刀一个个剪下来了。

将本书中的食谱略加创新，就能做出新的甜点。
喜欢的甜点不但想一直烘烤下去，
还想创造出样子完全不同的甜点。

迷你抹茶大理石戚风

18页·抹茶大理石戚风蛋糕

　　我开始做戚风蛋糕时，一直使用直径20cm的模

具，烘烤出大大的蛋糕。戚风蛋糕柔软轻盈的部分越

多，就越好吃。虽然这种观念一直根深蒂固，但现在

也越来越重视制作时的方便性和轻松度了，最常用

的模具也变成了17cm或者14cm的模具。和大小、味

道、方便性等立场不同，小小的蛋糕特别可爱！也基

于这么任性的理由，我最近一直都在用10cm的戚风模

具烘烤蛋糕。

配方

材料和做法

（直径10cm的戚风模具4个）

和"抹茶大理石戚风蛋糕"相
同。将面糊倒入直径10cm的戚
风模具中，放入160℃的烤箱
内烘烤约25分钟。

椰子肉桂戚风

20页·椰子肉桂大理石戚风蛋糕

　　以大理石花纹为主题的椰子肉桂戚风蛋糕，也可以不做大理石花纹，只让蛋糕染上淡淡的茶褐色，做成质地柔软的戚风蛋糕。前面食谱中使用的是"椰子粉"，这里使用了切成细丝的"椰子丝"，能更好地感受椰子的口感。

配方

材料和做法

（直径17cm的戚风模具1个）
和"椰子肉桂大理石戚风蛋糕"相同。无须用水溶解肉桂粉，将其和粉类一起混合过筛，操作到步骤3，面糊就做好了。直接将面糊倒入模具中，之后用相同的方法烘烤。

迷你巧克力磅蛋糕

34页·巧克力磅蛋糕

　　将用于1个磅蛋糕模具的面糊，分别放入2个较小的磅蛋糕模具，烤好后1个在家吃，另1个当作礼物送人。我经常这么烤蛋糕。因为是简单的巧克力蛋糕，能直接呈现巧克力的味道。至于使用哪种味道和甜度的巧克力，只要选择自己喜欢的就可以了。

配方

材料和做法

（12cm×6.5cm×6.5cm的磅蛋糕模具2个）
和"巧克力磅蛋糕"相同。泡打粉的用量改为1/8小匙，之后做法相同。放入预热到160℃的烤箱内，烘烤25～30分钟。

迷你红茶玛德琳

94页 · 奶香玛德琳

　　"奶香玛德琳"是一款非常简单的甜点，制作时不需要特别难的技巧，只要将材料放入碗内认真搅拌均匀，就能烤出美味的蛋糕了。前面食谱中介绍的是使用小贝壳形模具烘烤的原味玛德琳。这里则放入了格雷伯爵红茶，还做成了小小的心形。这种心形蛋糕，因为尺寸迷你，所以略有厚度，我非常喜欢。松软绵润、精巧可爱的小蛋糕，特别适合作为礼物送人。

配方

材料和做法

（4.5cm×4cm的迷你心形模具20个）和"奶香玛德琳"相同。将2g红茶叶切碎（或者1袋茶包），和粉类一起放入碗中，倒入和朗姆酒等量的橙子利口酒（金万利力娇酒或者君度酒），搅拌成面糊，然后用同样的方法烘烤。

黑樱桃酥粒挞

7⁶页·栗子酥粒挞

以酥粒为挞底和装饰，水果版的"栗子酥粒挞"。感觉比起核桃，黑樱桃更适合和杏仁搭配，做的时候要略微改变一下酥粒的比例。如果家里备有直径15cm的慕斯圈，可以用其代替活底圆形模具使用。这样底部也能充分受热，口感会更美味。

配方

材料和做法

（直径15cm的活底圆形模具1个）
低筋面粉60g、黄油（无盐）40g、细砂糖30g、杏仁粉30g、盐1小撮，做成和"栗子酥粒挞"一样的酥粒。无须步骤2的空烤，也不用倒入朗姆酒，做成杏仁奶油，依次放入一半酥粒→杏仁奶油，撒上20粒罐头黑樱桃，撒上剩余的酥粒，放入预热到180℃的烤箱内，烘烤约45分钟。

蔓越莓杏仁粉蛋糕

9⁸页·杏仁粉蛋糕

制作甜点时经常会剩余蛋白，我特别喜欢以使用蛋白为主制作的甜点，以至于为了留下蛋白，经常做使用大量蛋黄的甜点。刚烤好的杏仁粉蛋糕，外面酥脆，里面柔软。静置几天后，味道会变得绵润、浓郁。非常适合搭配酸甜可口的蔓越莓。

配方

材料和做法

（直径6cm油纸杯约16个）
和"杏仁粉蛋糕"相同。在做好的面糊中，放入80g蔓越莓干搅拌，放入预热到160℃的烤箱内，烘烤约25分钟。不需要提前准备模具就可以制作。

图书在版编目（CIP）数据

稻田老师的烘焙笔记. 3, 戚风&巧克力蛋糕 /（日）
稻田多佳子著；周小燕译. -- 海口：南海出版公司，
2018.1
ISBN 978-7-5442-9130-9

Ⅰ. ①稻… Ⅱ. ①稻… ②周… Ⅲ. ①蛋糕—糕点加
工 Ⅳ. ①TS213.2

中国版本图书馆CIP数据核字(2017)第220002号

著作权合同登记号　　图字：30-2017-003
TITLE：［シフォンケーキとチョコレートケーキのレシピ］
BY：［稻田多佳子］
Copyright © Takako Inada 2012
Original Japanese language edition published by SHUFU TO SEIKATSUSHA CO.,LTD.
All rights reserved. No part of this book may be reproduced in any form without the written permission of the publisher.
Chinese translation rights arranged with SHUFU TO SEIKATSUSHA CO.,LTD.,Tokyo through NIPPAN IPS Co.,Ltd.

本书由日本主妇与生活社授权北京书中缘图书有限公司出品并由南海出版公司在中国范围内独家出版本书中文简体字版本。

DAOTIAN LAOSHI DE HONGBEI BIJI 3: QIFENG & QIAOKELI DANGAO
稻田老师的烘焙笔记3：戚风&巧克力蛋糕

策划制作：北京书锦缘咨询有限公司（www.booklink.com.cn）
总 策 划：陈　庆
策　　划：滕　明

作　　者：[日]稻田多佳子
译　　者：周小燕
责任编辑：余　靖
排版设计：王　青
出版发行：南海出版公司　电话：（0898）66568511（出版）　（0898）65350227（发行）
社　　址：海南省海口市海秀中路51号星华大厦五楼　邮编：570206
电子信箱：nhpublishing@163.com
经　　销：新华书店
印　　刷：北京画中画印刷有限公司
开　　本：889毫米×1194毫米　1/16
印　　张：8
字　　数：229千
版　　次：2018年1月第1版　　2018年1月第1次印刷
书　　号：ISBN 978-7-5442-9130-9
定　　价：48.00元

南海版图书　版权所有　盗版必究